MATHEMATIK
Formeln, Sätze und Tabellen
für die Sekundarstufen 1 und 2

Zusammengestellt von
StD Dietrich Pohlmann

AULIS VERLAG DEUBNER & CO KG · KÖLN

Bestell-Nr. 2405
© AULIS VERLAG DEUBNER & CO KG, KÖLN, 1986
Herstellung: Zechnersche Buchdruckerei, Speyer am Rhein
ISBN 3-7614-0984-2

Vorwort

Es gibt so viele Mathematische Tafeln und Formelsammlungen. – Warum nun noch eine neue? Kann man wirklich noch etwas besser machen?

Obwohl der Taschenrechner die Schulen schon lange erreicht hat und häufig sogar durch eine Computer ergänzt wird, enthalten traditionelle Mathematische Tafeln immer noch Quadrat und Wurzel-Tabellen, sin- und tan-Tabellen und manche sogar noch die log sin-Tabellen. An dererseits ist durch die Etablierung des Stochastik-Unterrichts der Zugriff auf andere Tabelle erforderlich geworden, die mit dem Taschenrechner oder Computer nur mit tieferen Kenntnis sen oder größerem Zeitaufwand zu erstellen wären. Hinzu kommt über den zunehmenden Com puter-Einsatz eine stärkere Orientierung auf numerische Methoden und damit zusammenhän gende Formeln und Abschätzungen.

Mit der vorliegenden Auswahl hoffe ich diesem Zug der Zeit gefolgt zu sein und den Lehrern und Schülern der weiterführenden Schulen ein brauchbares und übersichtliches, wenn auc nicht lückenloses, Werkzeug für den Unterricht und zur Bearbeitung der anstehenden Aufgabe in die Hand zu geben. Eine *Auswahl,* weil dies kein Mathematik-Lexikon werden sollte; *brauch bar,* weil ich versucht habe, mich an der Schulwirklichkeit zu orientieren, wie ich sie bei tägli chen Unterrichtsbesuchen und Lehrproben und natürlich auch im eigenen Unterricht erleb (daher auch die Tabellen mit Bezeichnungen in den Grundrechenoperationen, das Kompen dium zur Bruchrechnung und die Zusammenstellung der Vorzeichenregeln); *übersichtlich,* wei ich mich bemüht habe, Zusammengehöriges räumlich oder durch Querverweise zu verbinder und durch ein wohlüberlegtes Layout klar hervortreten zu lassen.

Vielen Kollegen schulde ich Dank für zahlreiche Diskussionen zum Aufbau und zur inhaltli chen Füllung dieser Sammlung, insbesondere jedoch Herrn *StR Peter Wendt* (Elmshorn) unc meiner Frau, *StRn. Hannelore Pohlmann.* Für eventuell stehengebliebene Fehler trage ich je doch ganz alleine die Verantwortung. Konstruktive Kritik ist jederzeit erwünscht.

Möge diese Sammlung zur Neuorientierung des Mathematik-Unterrichts beitragen.

Elmshorn, im Januar 1986 *Dietrich Pohlmann*

Überblick über die Zahlentafeln und Übersichten

Bedeutung der Vorsätze bei Maß-Einheiten	U 2	Funktionen, Ableitungen und Integrale	19, 21, 28	Quantile der χ^2-Verteilung	40
Wichtige num. Werte	U 2	Binomialverteilung	35	Approximationen v. Verteilungen	41
Versch. Zahlzeichen	4	kumul. Binomialvert.	36	Abbildungs-Matrizen	44
Primzahlen	4	Fakultäten	37	Geograph. Koordinaten einiger Orte	45
Elementare mathematische Zeichen	5	*Pascal*sches Dreieck	37	BASIC-Befehle	46
Zahlenmengen	5	*Poisson*verteilung	38	Konstanten	
Bezeichnungen bei math. Grundoperationen	5	standard. Normalverteilung Dichtefunkt.	40	astronomische	47
Namen v. Zehnerpotenzen	9	Verteilungsfunkt.	40	physikalische	47
Bezeichn. am allgem. Dreieck	11			Zufallsziffern	U 3
				Funktionen-Atlas	U 4

Inhalt

Griechisches Alphabet – Deutsche Schrift – Fraktur – Vorsätze für Maß-Einheiten – Wichtige numerische Werte .... U 2

Vorwort – Überblick über die Zahlentafeln und Übersichten 2

1. Elementarmathematik 4

1.1. Allgemeines 4
Zahlzeichen · Zahlen-Tafeln zum Vergleich · Primzahlen · Elementare mathematische Zeichen · Zahlenmengen

1.2. Rechnen 5
Grundrechenoperationen und Bezeichnungen · Rangfolge der Rechenoperationen (Rechenhierarchie) · Wichtige Regeln der Bruchrechnung · Vorzeichenregeln für das Rechnen in $\mathbb{Z}$ · Rechnen mit Klammern · Prozent- und Zinsrechnung · Zinseszins

1.3. Algebra 8
Grundgesetze · Transitivität der Gleichheit/Monotonie · Determinantenverfahren zur Lösung von Gleichungssystemen · Quadratische Gleichungen · Potenzen – Wurzeln · Namen großer Zahlen · Logarithmen · Wachstum – Zerfall

1.4. Geometrie 11
Strahlensätze · Bezeichnungen und Berechnungen am allgemeinen Dreieck · Spezielle Dreiecke · Vierecke · Spezielle Vierecke · Regelmäßige Vielecke · Kreis, Kreisteile und Ellipse

1.5. Vektorrechnung 15

1.6. Ebene Trigonometrie 16
Definitionen · Umrechnungen · Additionssätze · Dreiecksberechnungen

1.7. Stereometrie 17

1.8. Elementare Statistik und Wahrscheinlichkeitsrechnung 18
Mittelwerte · Elementare Kombinatorik · Elementare Wahrscheinlichkeitsrechnung

2. Mathematik der S II 19

2.1. Analysis 19
2.2. Lineare Algebra/Analytische Geometrie 29
2.3. Stochastik 32
2.4. Mengenalgebra – Verband – *Boole*sche Algebra 42
2.5. Komplexe Zahlen 43
2.6. Affine Abbildungen – Ähnlichkeitsabbildungen – Kongruenzabbildungen 44
2.7. Sphärische Trigonometrie – Geographische Koordinaten einiger Orte ... 45

3. Die wichtigsten BASIC-Befehle auf einen Blick 46

4. Astronomische Konstanten 47

5. Physikalische Konstanten 47

Stichwortverzeichnis 48
Zufallsziffern .... U 3
Kleiner Funktionen-Atlas .... U 4

1. Elementarmathematik

1.1. Allgemeines

Römische und ägyptische Zahlzeichen

Dezimalzahl	1	5	10	50	100	500	1000	10000	100000	1000000
Röm. Zahlzeichen	I	V	X	L	C	D	M			
Ägypt. Zahlzeichen	|		∩		℮		𓆳	𓂭	𓆑	𓁶
	Strich		Fessel		Strick		Lotospflanze	Finger	Kaulquappe	Gott

Zahlen-Tafeln zum Vergleich

Zehnersystem	Zweiersystem	Röm. Zahlz.	Ägypt. Zahlz.	Zehnersystem	Zweiersystem	Röm. Zahlz.	Ägypt. Zahlz.
1	1	I	|	10	1010	X	∩
2	10	II	||	20	10100	XX	∩∩
3	11	III	|||	30	11110	XXX	∩∩∩
4	100	IV	||||	40	101000	XL	∩∩∩∩
5	101	V	||| ||	50	110010	L	∩∩∩ ∩∩
6	110	VI	||| |||	60	111100	LX	∩∩∩ ∩∩∩
7	111	VII	|||| |||	70	1000110	LXX	∩∩∩∩ ∩∩∩
8	1000	VIII	|||| ||||	80	1010000	LXXX	∩∩∩∩ ∩∩∩∩
9	1001	IX	||||| ||||	90	1011010	XC	∩∩∩∩∩ ∩∩∩∩

Primzahlen (bis 1000)

2	71	101	197	211	307	401	503	601	701	809	907
3	73	103	199	223	311	409	509	607	709	811	911
5	79	107		227	313	419	521	613	719	821	919
7	83	109		229	317	421	523	617	727	823	929
11	89	113		233	331	431	541	619	733	827	937
13	97	127		239	337	433	547	631	739	829	941
17		131		241	347	439	557	641	743	839	947
19		137		251	349	443	563	643	751	853	953
23		139		257	353	449	569	647	757	857	967
29		149		263	359	457	571	653	761	859	971
31		151		269	367	461	577	659	769	863	977
37		157		271	373	463	587	661	773	877	983
41		163		277	379	467	593	673	787	881	991
43		167		281	383	479	599	677	797	883	997
47		173		283	389	487		683		887	
53		179		293	397	491		691			
59		181				499					
61		191									
67		193									

Elementare mathematische Zeichen

$=$	gleich	$\parallel$	parallel zu
$\equiv$	identisch (gleich)	$\nparallel$	nicht parallel zu
$\hat{=}$	nach Definition gleich	$\perp$	orthogonal, senkrecht auf
$\neq$	ungleich	$\sim$	ähnlich zu
$:$	definiert durch ...	$\cong$	kongruent zu
$\approx$	ungefähr gleich, rund	$\mapsto$	wird abgebildet auf
$\sim$	proportional		
$\triangleq$	entspricht	$\in$	Element von
$<$	kleiner als	$\notin$	nicht Element von
$\leq$	kleiner oder gleich	$\subset$	echte Teilmenge von
$>$	größer als	$\subseteq$	Teilmenge von
$\geq$	größer oder gleich	$\cup$	vereinigt mit
$\ll$	sehr klein gegen	$\cap$	geschnitten mit
$\gg$	sehr groß gegen	$\setminus$	ohne
		$\wedge$	und
$\mid$	teilt, Teiler von	$\vee$	oder

Zahlenmengen   Es gilt: $\mathbb{N}^* \subset \mathbb{N} \subset \mathbb{Z} \subset \mathbb{Q} \subset \mathbb{R} \subset \mathbb{C}$.

$\mathbb{N} = \{0; 1; 2; 3; \ldots\}$	Menge der natürlichen Zahlen einschließlich der Zahl 0 (nach DIN)
$\mathbb{N}^* = \mathbb{N}\setminus\{0\} = \{1; 2; 3; \ldots\}$	Menge der natürlichen Zahlen ohne die Zahl 0
$\mathbb{Z} = \{\ldots; -1; 0; 1; 2; \ldots\}$	Menge der ganzen Zahlen
$\mathbb{Z}^* = \mathbb{Z}\setminus\{0\}$	Menge der ganzen Zahlen ohne die Zahl 0
$\mathbb{Z}_+ = \mathbb{N}$	Menge der nicht-negativen ganzen Zahlen
$\mathbb{Z}_+^* = \mathbb{N}^*, \mathbb{Z}_-^* = \mathbb{Z}\setminus\mathbb{N}, \mathbb{Z}_- = \mathbb{Z}\setminus\mathbb{N}^*$	Teilmengen von $\mathbb{Z}$
$\mathbb{Q} = \left\{\dfrac{z}{n} \,\bigg|\, z \in \mathbb{Z}, n \in \mathbb{N}^*\right\}$	Menge der rationalen Zahlen
$\mathbb{Q}^*, \mathbb{Q}_+^*, \mathbb{Q}_+, \mathbb{Q}_-^*, \mathbb{Q}_-$	Teilmengen von $\mathbb{Q}$
$\mathbb{R} = \{x \mid x = \lim_{n\to\infty} q_n; q_n \in \mathbb{Q}\}$	Menge der rellen Zahlen
$\mathbb{R}^*, \mathbb{R}_+^*, \mathbb{R}_+, \mathbb{R}_-^*, \mathbb{R}_-$	Teilmengen von $\mathbb{R}$
$\mathbb{C} = \{a + bi \mid a, b \in \mathbb{R}; i^2 = -1\}$	Menge der komplexen Zahlen

1.2. Rechnen

Grundrechenoperationen und Bezeichnungen

Zeichen	Verknüpfungsbeispiel		a heißt	b heißt	c heißt
$+$	Addition:	$a + b = c$	Summand	Summand	Summe
$-$	Subtraktion:	$a - b = c$	Minuend	Subtrahend	Differenz
$\cdot$	Multiplikation:	$a \cdot b = c$	Faktor (Multiplikand)	Faktor (Multiplikator)	Produkt
$:$	Division:	$a : b = c$	Dividend	Divisor	Quotient
	Potenzierung:	$a^b = c$	Basis	Exponent	Potenz
$\sqrt{}$	Radizierung:	$\sqrt[b]{a} = c$	Radikand	Wurzelexp.	Wurzel
log	Logarithmierung:	$\log_b a = c$	Numerus	Basis	Logarithmus

Rangfolge der Rechenoperationen (Rechenhierarchie)
1. Was in Klammern steht, wird stets zuerst berechnet.
2. Potenzberechnung kommt vor Punkt- und diese vor Strichrechnung.

Wichtige Regeln der Bruchrechnung

Bruch: $\frac{a}{b}$; $a \in \mathbb{Z}$ heißt **Zähler**, $b \in \mathbb{N}\setminus\{0\}$ heißt **Nenner**.

$\frac{b}{a}$ heißt **Kehrbruch** zu $\frac{a}{b}$ und es gilt: $\frac{a}{b} \cdot \frac{b}{a} = 1$.

Erweitern: $\frac{a}{b} = \frac{a \cdot k}{b \cdot k}$ für $k \neq 0$. **Kürzen:** $\frac{a}{b} = \frac{a:k}{b:k}$ für $k \neq 0$; $k \mid a, b$.

Zwei Brüche $\frac{a}{b}, \frac{c}{d}$ sind gleich, wenn gilt $a \cdot d = c \cdot b$.

Zwei Brüche heißen **gleichnamig**, wenn sie denselben Nenner haben.

Addition (Subtraktion) gleichnamiger Brüche:

$$\frac{a}{b} + \frac{c}{b} = \frac{a+c}{b} \qquad \left(\frac{a}{b} - \frac{c}{b} = \frac{a-c}{b}\right)$$

Ungleichnamige Brüche müssen vor dem Addieren (Subtrahieren) durch Erweitern oder Kürzen gleichnamig gemacht werden.

Multiplikation: $\frac{a}{b} \cdot \frac{c}{d} = \frac{a \cdot c}{b \cdot d}$. **Division:** $\frac{a}{b} : \frac{c}{d} = \frac{a}{b} \cdot \frac{d}{c} = \frac{a \cdot d}{b \cdot c}$.

Vorzeichenregeln

Zahlen, die sich nur durch ihr Vorzeichen unterscheiden, heißen zueinander **invers** bzgl. der Addition. Man sagt, sie haben denselben **Betrag**.

Beispiel: $(+3)$ und (-3) sind zueinander invers bzgl. der Addition. Beide haben den Betrag 3. Man schreibt: $|-3| = 3$ bzw. $|+3| = 3$.

Zwei Zahlen mit *gleichen* Vorzeichen werden **addiert**, indem man ihre Beträge addiert. Die Summe erhält das gemeinsame Vorzeichen.

Zwei Zahlen mit *verschiedenen* Vorzeichen werden addiert, indem man den Unterschied ihrer Beträge berechnet. Die Summe erhält das Vorzeichen von der Zahl mit dem größeren Betrag.

Man **subtrahiert** eine Zahl, indem man die inverse Zahl addiert.

Beispiele: $(+7)+(+9)=(+16) \qquad (-7)+(-9)=(-16)$
$(+7)+(-9)=(-2) \qquad (-7)+(+9)=(+2)$
$(-7)-(-9)=(-7)+(+9)=(+12)$

Zwei Zahlen mit *gleichen* Vorzeichen werden **multipliziert**, indem man die Beträge multipliziert. Das Produkt erhält das positive Vorzeichen.

Zwei Zahlen mit *verschiedenen* Vorzeichen werden multipliziert, indem man die Beträge multipliziert. Das Produkt erhält das negative Vorzeichen.

Durch eine Zahl wird **dividiert**, indem man mit der Kehrzahl multipliziert.

Beispiele: $(+3) \cdot (+8) = (+24) \qquad (-3) \cdot (-8) = (+24)$
$(+3) \cdot (-8) = (-24) \qquad (-3) \cdot (+8) = (-24)$
$(-3) : (-8) = (-3) \cdot (-\frac{1}{8}) = (+\frac{3}{8})$

Rechnen mit Klammern

Eine **Minus-Klammer** wird aufgelöst, indem man sie durch eine Plus-Klammer ersetzt und zugleich alle Summanden und Subtrahenden umpolt. Die Plus-Klammer darf weggelassen werden.

Beispiel: $2x-(3a-4b+5c)=2x+(-3a+4b-5c)=2x-3a+4b-5c$

Ausklammern: Enthalten alle Summanden einer (algebraischen) Summe denselben Faktor, so kann er ausgeklammert werden.

Beispiel: $3ax+6az-9a^2x=3a(x+2z-3ax)$

Ausmultiplizieren: Soll eine (algebraische) Summe mit einem Term multipliziert werden, so ist jeder Summand mit diesem Term zu multiplizieren.

Beispiel: $3a(b-2c+5z)=3ab-6ac+15az$

Speziell gilt: $(a+b)\cdot(c+d)=(a+b)c+(a+b)d=ac+bc+ad+bd$

Binomische Formeln:
1. $(a+b)^2=a^2+2ab+b^2$
2. $(a-b)^2=a^2-2ab+b^2$
3. $(a+b)(a-b)=a^2-b^2$

Weitere Formeln: $(a+b)^3 = a^3+3a^2b+3ab^2+a^3$
$(a+b)^4 = a^4+4a^3b+6a^2b^2+4ab^3+b^4$
$(a+b+c)^2 = a^2+b^2+c^2+2ab+2ac+2bc$

Prozent- und Zinsrechnung

Grundwert $\xrightarrow{\text{Prozentoperator}}$ **Prozentwert.** In Zeichen: $G \xrightarrow{\cdot p/100} P$ bzw. $G \xrightarrow{\cdot p\%} P$

$$P=G\cdot\frac{p}{100} \qquad G=P\cdot\frac{100}{p} \qquad p=\frac{P}{G}\cdot 100$$

Kapital $\xrightarrow{\text{Zinsoperator}}$ **Jahreszinsen** $\xrightarrow{\text{Zeitoperator}}$ **Zinsen**

In Zeichen: $K \xrightarrow{\cdot p/100} JZ \xrightarrow{\cdot i} Z$

$$Z=K\cdot\frac{p}{100}\cdot i = \frac{Kip}{100} \qquad K=\frac{100Z}{p\cdot i} \qquad p=\frac{100Z}{K\cdot i} \qquad i=\frac{100Z}{K\cdot p}$$

$i=\dfrac{m}{12}, i=\dfrac{t}{360}$, wenn m die Zinszeit in Monaten und t die in Tagen bedeutet.

Zinseszins: $K_n=K_0\left(1+\dfrac{p}{100}\right)^n$

$K_0=K_n/\left(1+\dfrac{p}{100}\right)^n$

$n=\dfrac{\lg\dfrac{K_n}{K_0}}{\lg\left(1+\dfrac{p}{100}\right)}$

$\dfrac{p}{100}=\sqrt[n]{\dfrac{K_n}{K_0}}-1$

Die Verdopplungszeit d eines Kapitals ergibt sich näherungsweise zu

$d \approx \dfrac{70}{p}$ für $p<12$.

> Weitere Formeln zur Rentenrechnung, s. S. 24

1.3. Algebra

Grundgesetze

Für alle (nicht notwendig verschiedenen) Zahlen a, b, c gilt:
Kommutativgesetz (Vertauschungsgesetz) $\quad\quad\quad a+b=b+a \quad\quad\quad\quad a\cdot b=b\cdot a$
Assoziativgesetz (Verbindungsgesetz) $\quad\quad\quad (a+b)+c=a+(b+c)\quad (ab)c=a(bc)$
Distributivgesetz (Verteilungsgesetz) $\quad\quad\quad\quad\quad\quad a\cdot(b+c)=a\cdot b+a\cdot c$
Es gibt **neutrale Elemente** 0 und 1 $\quad\quad\quad\quad a+0=0+a=a \quad\quad\quad a\cdot 1=1\cdot a=a$
Null-Eigenschaft bzgl. der Multiplikation $\quad\quad\quad\quad\quad\quad\quad\quad\quad\quad\quad\quad a\cdot 0=0\cdot a=0$

Transitivität der Gleichheit / Monotonie

Die **Gleichheits-Relation** bleibt erhalten, wenn man auf beiden Seiten dieselbe Zahl addiert oder mit derselben Zahl multipliziert:
Wenn $a=b$, dann auch $a+c=b+c$ bzw. $ac=bc$.

Die **Kleiner-Relation** bleibt erhalten, wenn man auf beiden Seiten dieselbe Zahl addiert:
Wenn $a<b$, dann auch $a+c<b+c$.

Die Kleiner-Relation bleibt erhalten, wenn man auf beiden Seiten mit derselben *positiven* Zahl multipliziert:
Wenn $a<b$, dann auch $a\cdot c<b\cdot c$ für $c>0$.

Beim Multiplizieren mit einer *negativen* Zahl ist das Relationszeichen zu ändern:
Beispiel: Aus $-2<1$ wird nach Multiplikation mit (-3): $+6>-3$.

Determinantenverfahren zur Lösung von Gleichungssystemen

$a_{11}x+a_{12}y=b_1$
$a_{21}x+a_{22}y=b_2$
$\quad$ Mit $D = \begin{vmatrix} a_{11} & a_{12} \\ a_{21} & a_{22} \end{vmatrix} = a_{11}a_{22}-a_{12}a_{21}\quad$ und

$$D_x = \begin{vmatrix} b_1 & a_{12} \\ b_2 & a_{22} \end{vmatrix}, \quad D_y = \begin{vmatrix} a_{11} & b_1 \\ a_{21} & b_2 \end{vmatrix} \quad \text{ergibt sich für } D\neq 0:\quad x=\frac{D_x}{D},\ y=\frac{D_y}{D}.$$

$a_{11}x+a_{12}y+a_{13}z=b_1$
$a_{21}x+a_{22}y+a_{23}z=b_2$
$a_{31}x+a_{32}y+a_{33}z=b_3$
$\quad$ Mit $D = \begin{vmatrix} a_{11} & a_{12} & a_{13} \\ a_{21} & a_{22} & a_{23} \\ a_{31} & a_{32} & a_{33} \end{vmatrix},\ D_x = \begin{vmatrix} b_1 & a_{12} & a_{13} \\ b_2 & a_{22} & a_{23} \\ b_3 & a_{32} & a_{33} \end{vmatrix},$

$$D_y = \begin{vmatrix} a_{11} & b_1 & a_{13} \\ a_{21} & b_2 & a_{23} \\ a_{31} & b_3 & a_{33} \end{vmatrix}, \quad D_z = \begin{vmatrix} a_{11} & a_{12} & b_1 \\ a_{21} & a_{22} & b_2 \\ a_{31} & a_{32} & b_3 \end{vmatrix} \quad \text{ergibt sich für } D\neq 0:\ x=\frac{D_x}{D},\ y=\frac{D_y}{D},\ z=\frac{D_z}{D}.$$

Eine dreireihige Determinante berechnet sich nach der Regel von *Sarrus* wie folgt:

$$\begin{vmatrix} a_{11} & a_{12} & a_{13} \\ a_{21} & a_{22} & a_{23} \\ a_{31} & a_{32} & a_{33} \end{vmatrix} = \begin{array}{|ccc|cc} a_{11} & a_{12} & a_{13} & a_{11} & a_{12} \\ a_{21} & a_{22} & a_{23} & a_{21} & a_{22} \\ a_{31} & a_{32} & a_{33} & a_{31} & a_{32} \end{array} = \begin{cases} a_{11}a_{22}a_{33}+a_{12}a_{23}a_{31}+a_{13}a_{21}a_{32} \\ -a_{31}a_{22}a_{13}-a_{32}a_{23}a_{11}-a_{33}a_{21}a_{12} \end{cases}.$$

Quadratische Gleichungen

Normalform: $x^2+px+q=0 \Leftrightarrow x=-\dfrac{p}{2}+\sqrt{\left(\dfrac{p}{2}\right)^2-q} \quad \vee \quad x=-\dfrac{p}{2}-\sqrt{\left(\dfrac{p}{2}\right)^2-q}$

Spezialfälle: $x^2-a=0 \Leftrightarrow x=\sqrt{a} \quad \vee \quad x=-\sqrt{a} \quad$ für $a>0$
$x^2+bx=0 \Leftrightarrow x\cdot(x+b)=0 \Leftrightarrow x=0 \quad \vee \quad x=-b$

Die allgemeine Form $ax^2+bx+c=0$ läßt sich nach der Division durch a ($\neq 0$) mit $p=\dfrac{b}{a}$ und $q=\dfrac{c}{a}$ auf die Normalform zurückführen:

$$ax^2+bx+c=0 \Leftrightarrow x=-\dfrac{b}{2a}+\sqrt{\left(\dfrac{b}{2a}\right)^2-\dfrac{c}{a}} \quad \vee \quad x=-\dfrac{b}{2a}-\sqrt{\left(\dfrac{b}{2a}\right)^2-\dfrac{c}{a}}$$

Zum Berechnen der Quadratwurzel einer Zahl a (>0) eignet sich das **Iterationsverfahren nach *Heron*:**

$$x_{i+1}=\dfrac{1}{2}\left(x_i+\dfrac{a}{x_i}\right).$$

Verallgemeinerung für die Berechnung von $\sqrt[n]{a}$ (>0):

$$x_{i+1}=\dfrac{1}{n}\left((n-1)x_i+\dfrac{a}{x_i^{n-1}}\right).$$

Satz von *Vieta*:
Sind l_1 und l_2 die Lösungen einer quadratischen Gleichung in Normalform, so gilt:
$l_1+l_2=-p, \quad l_1\cdot l_2=q$.

Gleichungen höheren Grades sind i. a. nicht geschlossen lösbar. Spezialfälle z. B.:
$x^4+bx^2+c=0 \qquad$ Substitution: $z=x^2$,
$x^3+bx^2+cx=0 \quad \Leftrightarrow \quad x\cdot(x^2+bx+c)=0$.

Potenzen – Wurzeln

Definition einer **Potenz** für $n\in \mathbb{N}\setminus\{0\}$:

$a^n:=\underbrace{a\cdot a\cdot a\cdot\ldots\cdot a}_{n\text{-mal}} \quad$ oder rekursiv $\quad a^n=a\cdot a^{n-1} \quad$ für $n>1 \quad$ mit $\quad a^1=a, \quad a^0=1 \quad (a>0)$

Definition der ***n*-ten Wurzel:**
$\sqrt[n]{a}$ ist diejenige nichtnegative reelle Zahl für die gilt $(\sqrt[n]{a})^n=a \quad (a\geq 0)$.
Monotoniegesetze: Wenn $0<x<y$, dann $x^n<y^n$ bzw. $\sqrt[n]{x}<\sqrt[n]{y}$.
Schluß für Quadratsummen: Wegen $a^2, b^2>0$ gilt: Wenn $a^2+b^2=0$, dann $a=b=0$.

Potenzen – Definitionen und Rechengesetze

$a^m\cdot a^n=a^{m+n} \qquad a^m:a^n=a^{m-n} \quad (a\neq 0)$

$a^n\cdot b^n=(a\cdot b)^n \qquad a^n:b^n=\left(\dfrac{a}{b}\right)^n \quad (b\neq 0)$

$(a^m)^n=a^{m\cdot n}=(a^n)^m \qquad a^{-n}=\dfrac{1}{a^n} \quad (a\neq 0) \qquad a^{\frac{1}{n}}=\sqrt[n]{a}$

Wurzeln – Definitionen und Rechengesetze

$\sqrt[n]{a}\sqrt[n]{b}=\sqrt[n]{a\cdot b} \quad (a,b\geq 0) \qquad \sqrt[n]{a}:\sqrt[n]{b}=\sqrt[n]{\dfrac{a}{b}} \quad (a\geq 0, b>0)$

$\sqrt[n]{a^m}=a^{\frac{m}{n}}=(\sqrt[n]{a})^m \quad (a\geq 0) \quad$ mit Spezialfall für $m=1$: $\sqrt[n]{a}=a^{\frac{1}{n}}$

$\sqrt[m]{a}\cdot\sqrt[n]{a}=a^{\frac{1}{m}}\cdot a^{\frac{1}{n}}=\sqrt[mn]{a^{m+n}} \qquad \sqrt[n]{a^m}=\sqrt[nk]{a^{mk}} \quad (k>0)$

Namen von Zehnerpotenzen	
10^3	1 Tausend
10^6	1 Million
10^9	1 Milliarde
10^{12}	1 Billion
10^{15}	1 Billiarde
10^{18}	1 Trillion
10^{21}	1 Trilliarde
10^{24}	1 Quadrillion

Logarithmen

Definition: $\log_b a$ ist diejenige Zahl mit der man b potenziert um a zu erhalten:

$$b^{\log_b a} = a \quad (b>0;\ b\neq 1).$$

Spezielle Bezeichnungen: lg für $\log_{10}$, ld oder lb für $\log_2$ und ln für $\log_e$.

Logarithmusgesetze:

$\log(a\cdot b) = \log a + \log b \qquad \log\dfrac{a}{b} = \log a - \log b$

$\log(a^m) = m\cdot \log a \qquad \log\sqrt[n]{a} = \dfrac{1}{n}\cdot \log a$

Monotoniegesetze:
Wenn $0<x_1<x_2$, dann $\log_b x_1 < \log_b x_2$ für $b>1$.
Wenn $0<x_1<x_2$, dann $\log_b x_1 > \log_b x_2$ für $b<1$.

Basiswechsel: $b^{\log_b a} = a = 10^{\lg a} \Leftrightarrow \log_b a \cdot \lg b = \lg a \cdot \lg 10 = \lg a \Leftrightarrow \log_b a = \dfrac{\lg a}{\lg b}$,

speziell: $\ln a = \dfrac{\lg a}{\lg e}$, $\quad \text{ld}\, a = \dfrac{\lg a}{\lg 2}$, $\quad \lg a = \lg e \cdot \ln a$; $\quad \lg e \cdot \ln 10 = 1$

lg e = 0,43429 44819 03251... $\qquad$ ln 10 = 2,30258 50929... $\qquad$ lg 2 = 0,30102 99956 78259...

Wachstum – Zerfall (Abnahme)

Lineares Wachstum: Zu gleichen Zeitspannen gehört eine Zunahme um den gleichen Betrag: $y_t \xrightarrow{+a} y_{t+1}$, also $y = a\cdot t + b$ $(a>0)$.

Exponentielles Wachstum: Zu gleichen Zeitspannen gehört eine Vervielfachung mit dem gleichen Wachstumsfaktor b: $y_t \xrightarrow{\cdot b} y_{t+1}$, also $y = a\cdot b^t$ $(b>1)$.
Für $1<b<2$ wird b häufig in der Form $b = 1 + \dfrac{p}{100}$ geschrieben.

Man nennt p die prozentuale Wachstumsrate. ‚wächst um $p\%$' bedeutet also ‚wird multipliziert mit dem Wachstumsfaktor' $\left(1 + \dfrac{p}{100}\right)$:
Die Verdoppelungszeit d ergibt sich näherungsweise zu $\quad d \approx \dfrac{70}{p} \quad$ für $p<12$.

Exponentielle Abnahme (Zerfall): Zu gleichen Zeitspannen gehört eine Multiplikation mit einem (Abnahme-)Faktor $b<1$: $y_t \xrightarrow{\cdot b} y_{t+1}$, also $y = a\cdot b^t$ $(0<b<1)$.
Einer Abnahme um $p\%$ entspricht der Abnahmefaktor $\left(1 - \dfrac{p}{100}\right)$.
Die Halbwertszeit h ergibt sich näherungsweise zu $\quad h \approx \dfrac{70}{p} \quad$ für $p<20$.

1.4. Geometrie

Strahlensätze
Voraussetzung: $PP' \parallel QQ'$

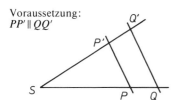

1. Strahlensatz: $\dfrac{|SP|}{|SQ|} = \dfrac{|SP'|}{|SQ'|}$

2. Strahlensatz: $\dfrac{|SP|}{|SQ|} = \dfrac{|PP'|}{|QQ'|}$

Bezeichnungen und Berechnungen am allgemeinen Dreieck

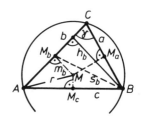

a, b, c	Gegenseiten der Ecken A, B, C
α, β, γ	Innenwinkel an den Ecken A, B, C
$w_\alpha, w_\beta, w_\gamma$	Winkelhalbierende von α, β, γ
$T_\alpha, T_\beta, T_\gamma$	Schnittpunkte der Winkelhalbierenden mit a, b, c
M_a, M_b, M_c	Mittelpunkte von a, b, c
m_a, m_b, m_c	Mittelsenkrechte auf a, b, c
s_a, s_b, s_c	Seitenhalbierende von a, b, c
h_a, h_b, h_c	Höhen auf a, b, c
H_a, H_b, H_c	Höhenfußpunkte auf a, b, c
M, r	Umkreismittelpunkt, Umkreisradius
I, ρ	Inkreismittelpunkt, Inkreisradius
s	Halber Umfang des Dreiecks ABC
I_a, I_b, I_c	Mittelpunkte der Ankreise an a, b, c
ρ_a, ρ_b, ρ_c	Radien der Ankreise an a, b, c
$\alpha_a, \beta_a, \gamma_a$	Außenwinkel des Dreiecks ABC

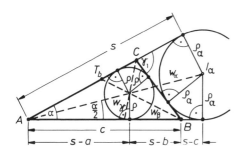

Winkelsätze: $\alpha + \beta + \gamma = 180°$, $\alpha_a + \beta_a + \gamma_a = 360°$, $\alpha_a = \beta + \gamma$ usw.

Dreiecksungleichungen: $a < b + c$, $b < a + c$, $c < a + b$, $|a - b| < c$ usw.

Seiten-Winkel-Sätze: $a < b \Leftrightarrow \alpha < \beta$ usw.

Flächeninhalt:
$$A = \frac{a \cdot h_a}{2} = \frac{b \cdot h_b}{2} = \frac{c \cdot h_c}{2} = \sqrt{s(s-a)(s-b)(s-c)} \quad (Heron)$$
$$= \frac{abc}{4r} = \rho \cdot s = \sqrt{\rho \cdot \rho_a \cdot \rho_b \cdot \rho_c} = \rho_a(s-a) = \rho_b(s-b) = \rho_c(s-c)$$

Umfang: $u = a + b + c = 2s$

Höhen: $h_a : h_b = \dfrac{1}{a} : \dfrac{1}{b} = b : a$, $h_b : h_c = c : b$, $h_c : h_a = a : c$

Seitenhalbierende: $s_a = \frac{1}{2}\sqrt{2(b^2+c^2)-a^2}$, $s_b = \frac{1}{2}\sqrt{2(a^2+c^2)-b^2}$, $s_c = \frac{1}{2}\sqrt{2(a^2+b^2)-c^2}$

Winkelhalbierende: $w_\alpha = \dfrac{2}{a+c}\sqrt{bcs(s-a)}$, $w_\beta = \dfrac{2}{a+c}\sqrt{acs(s-b)}$, $w_\gamma = \dfrac{2}{a+b}\sqrt{abs(s-c)}$

Radien verschiedener Kreise: $r = \dfrac{abc}{4A}$, $\rho = \dfrac{2A}{a+b+c}$, $\rho_a = \dfrac{A}{s-a}$, $\rho_b = \dfrac{A}{s-b}$, $\rho_c = \dfrac{A}{s-c}$

Zusammenhänge zwischen den Kreisradien: $\rho_a + \rho_b + \rho_c = 4r + \rho$, $\rho^{-1} = \rho_a^{-1} + \rho_b^{-1} + \rho_c^{-1}$

Spezielle Dreiecke

Rechtwinkliges Dreieck (γ sei der rechte Winkel)

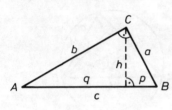

a, b **Katheten** (liegen am rechten Winkel)
c **Hypotenuse** (liegt dem rechten Winkel gegenüber)
$h = h_c$ **Höhe** des Dreicks
$h_a = b$, $h_b = a$
p, q **Hypotenusenabschnitte**

Umfang: $u = a + b + c = 2s$

Flächeninhalt: $A = \dfrac{c \cdot h}{2} = \dfrac{a \cdot b}{2} = \dfrac{c \cdot \sqrt{p \cdot q}}{2}$

Radien von Umkreis bzw. Inkreis: $r = \tfrac{1}{2}c$, $\rho = s - c$

Satz des Pythagoras: Wenn $\gamma = 90°$ ist, dann gilt: $a^2 + b^2 = c^2$.
Höhensatz: Wenn $\gamma = 90°$ ist, dann gilt: $h^2 = pq$.
Kathetensatz: Wenn $\gamma = 90°$ ist, dann gilt: $a^2 = cp$, $b^2 = cq$.

Gleichschenkliges Dreieck

Wenn $a = b$ ist, dann heißen a und b Schenkel, c die Basis (Grundlinie) des gleichschenkligen Dreiecks. Es gilt: $a = b \Leftrightarrow \alpha = \beta$

Gleichseitiges Dreieck

Wegen $a = b = c$, gilt $\alpha = \beta = \gamma = 60°$. Jede Höhe ist gleichzeitig auch Seitenhalbierende, Winkelhalbierende und Mittelsenkrechte

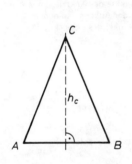

$u = 2a + c$

$A = \dfrac{c \cdot \sqrt{a^2 - (\tfrac{1}{2}c)^2}}{2}$

$h_c = \sqrt{a^2 - (\tfrac{1}{2}c)^2}$

$h_a = h_b = \dfrac{2A}{a}$

$r = \dfrac{a^2}{2h_c}$

$\rho = \dfrac{c(2a - c)}{4h_c}$

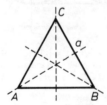

$u = 3a$

$A = \tfrac{\sqrt{3}}{4}a^2 = \tfrac{\sqrt{3}}{3}h^2$
$ = \tfrac{3\sqrt{3}}{4}r^2 = 3\sqrt{3}\rho^2$

$h = \tfrac{\sqrt{3}}{2}a = \tfrac{3}{2}r = 3\rho$

$r = \tfrac{2}{3}h = \tfrac{\sqrt{3}}{3}a = 2\rho$

$\rho = \tfrac{1}{3}h = \tfrac{1}{2}r = \tfrac{\sqrt{3}}{6}a$

Vierecke

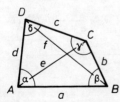

Allgemeines Viereck

Bezeichnungen:
Seiten(-längen): $a = |AB|$, $b = |BC|$, $c = |CD|$, $d = |DA|$
Diagonalen(-längen): $e = |AC|$, $f = |BD|$
Innenwinkel: α bei A, β bei B, γ bei C, δ bei D.
Winkelsumme: $\alpha + \beta + \gamma + \delta = 360°$.

Spezielle Vierecke

Drachenviereck

Bedingung: Eine Diagonale ist Symmetrieachse, daher gilt $b=a$ und $d=c$ bzw. $c=b$ und $d=a$. Ferner: $e \perp f$.

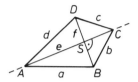

$u = 2(a+c)$ bzw. $u = 2(a+b)$ $A = \dfrac{e \cdot f}{2}$

Trapez

Bedingung: Zwei gegenüberliegende Seiten sind parallel: $a \| c$ bzw. $b \| d$.
Wenn $b=d$ bzw. $a=c$, dann bezeichnet man das Trapez auch als symmetrisch oder gleichschenklig.

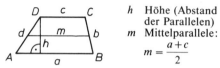

h Höhe (Abstand der Parallelen)
m Mittelparallele:
$m = \dfrac{a+c}{2}$

$u = a+b+c+d$ $A = \dfrac{a+c}{2} \cdot h = mh$

Parallelogramm

Bedingung: Die gegenüberliegenden Seiten sind parallel: $a \| c$, $b \| d$.
Eigenschaften: Punktsymmetrisch bzgl. S. e und f halbieren sich.

$a = c, b = d$
$\gamma = \alpha, \delta = \beta, \alpha + \beta = 180°$
$u = 2(a+b)$
$A = a h_a = b h_b = ab \sin \alpha$
$2(a^2 + b^2) = e^2 + f^2$

Raute

Bedingung: Ein Parallelogramm bei dem alle Seiten gleich lang sind.
Zusätzliche Eigenschaften: Die Diagonalen sind Symmetrieachsen, $e \perp f$.

$u = 4a$
$A = ah = \dfrac{e \cdot f}{2} = a^2 \sin \alpha$
$4a^2 = e^2 + f^2$

Rechteck

Bedingung: $\alpha = \beta = \gamma = \delta = 90°$
Eigenschaften: Die gegenüberliegenden Seiten sind parallel. Die Mittelsenkrechten sind Symmetrieachsen. Punktsymmetrisch bzgl. S. e und f halbieren sich.

$a = c, b = d$
$e = f = \sqrt{a^2 + b^2}$
$u = 2(a+b)$
$A = ab$

Quadrat

Bedingung: Ein Rechteck bei dem alle Seiten gleich lang sind.
Zusätzliche Eigenschaften: 4 Symmetrieachsen, drehsymmetrisch, $e \perp f$.

$e = f = a\sqrt{2}$
$u = 4a$
$A = a^2$

Spezielle Vierecke

Sehnenviereck
Bedingung: Es gibt einen Umkreis mit Radius r.
Eigenschaft: $\alpha + \gamma = \beta + \delta = 180°$.

Tangentenviereck
Bedingung: Es gibt einen Inkreis mit Radius ρ.
Eigenschaft: $a + c = b + d$.

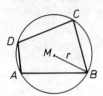

$$u = a+b+c+d = 2s$$
$$A = \sqrt{(s-a)(s-b)(s-c)(s-d)}$$
$$r = \frac{1}{4A}\sqrt{(ab+cd)(ac+bd)(ad+bc)}$$

$$u = a+b+c+d = 2s$$
$$A = \rho s \qquad \rho = \frac{A}{s}$$

Regelmäßige Vielecke

Bedingung: Ein n-Eck heißt regelmäßig, wenn alle seine Seiten gleich lang sind und seine Ecken auf einem Kreis liegen.
Eigenschaften: Jedem regelmäßigen n-Eck läßt sich ein Inkreis einbeschreiben. Alle n Innenwinkel sind gleichgroß. Jedes regelmäßige n-Eck läßt sich in n kongruente Bestimmungsdreiecke zerlegen.
Der Umkreis läßt sich als Inkreis eines weiteren n-Ecks auffassen, dessen Seitenlänge mit S bezeichnet sei.

$$\alpha_n = \frac{360°}{n} \qquad \beta_n = \frac{180°(n-2)}{n} \qquad s_n = 2\sqrt{r^2 - \rho_n^2} \qquad s_{2n}^2 = 2r^2 - r\sqrt{4r^2 - s_n^2}$$

$$S_n = \frac{2rs_n}{\sqrt{4r^2 - s_n^2}} \qquad \rho_{2n} = \frac{r_n + \rho_n}{2} \qquad r_{2n} = \sqrt{r_n \cdot \rho_{2n}}$$

$$u_n = n \cdot s_n \qquad u_n(\text{außen}) = n \cdot S_n \qquad A_n = \tfrac{1}{2} n \rho_n s_n = \tfrac{1}{2} n r_n^2 \sin \alpha_n \qquad A_n(\text{außen}) = \tfrac{1}{2} n r_n S_n$$

Kreis, Kreisteile und Ellipse

Kreis: $u = 2\pi r \qquad A = \pi r^2 \qquad$ mit $\pi = 3{,}14159\ 26535\ 89793 \ldots$

Ellipse

Kreisausschnitt
($\hat{\alpha}$ = Winkel in Bogenmaß)

$$b = \frac{\pi r \alpha}{180°} = r\hat{\alpha}$$
$$u = 2r + b$$
$$A = \frac{br}{2} = \frac{\pi r^2 \alpha}{360°} = \frac{r^2 \hat{\alpha}}{2}$$

Kreisabschnitt

$$s = 2r \sin \frac{\alpha}{2} = 2\sqrt{2hr - h^2}$$
$$h = 2r \sin^2 \frac{\alpha}{4} = r - \tfrac{1}{2}\sqrt{4r^2 - s^2}$$
$$u = s + b$$
$$A = \frac{\pi r^2 \alpha}{360°} - \frac{r^2 \sin \alpha}{2} = \tfrac{1}{2}[r(b-s) + sh]$$

$$u \approx \pi(a+b)$$
$$\approx \pi\sqrt{2(a^2 + b^2)}$$
$$A = \pi a b$$

1.5. Vektorrechnung

Definition: Eine Klasse gleichlanger, paralleler und gleichgerichteter Pfeile heißt **Vektor.**
Schreibweisen: $\vec{AB}$, $\vec{a}$, a.
Für die **Addition** zweier Vektoren gilt: $\vec{AB} + \vec{BC} = \vec{AC}$ bzw. $\vec{a} + \vec{b} = \vec{c}$.

Für die Addition zweier Vektoren gilt das
Kommutativgesetz: $\vec{AB} + \vec{BC} = \vec{BC} + \vec{AB}$ bzw. $\vec{a} + \vec{b} = \vec{b} + \vec{a}$,
Assoziativgesetz: $(\vec{a} + \vec{b}) + \vec{c} = \vec{a} + (\vec{b} + \vec{c})$
Das neutrale Element der Vektoraddition ist der Nullvektor.
Es gilt: $\vec{o} + \vec{a} = \vec{a} + \vec{o} = \vec{a}$.

Zu jedem Vektor $\vec{a}$ gibt es einen inversen Vektor $-\vec{a}$.
Es gilt: $\vec{a} + (-\vec{a}) = \vec{o}$.

Für Vektoren ist eine **S-Multiplikation** definiert: $r\vec{a} = r \begin{pmatrix} a_1 \\ a_2 \end{pmatrix} = \begin{pmatrix} r a_1 \\ r a_2 \end{pmatrix}$.

Es gelten folgende Gesetze:

$$r(s\vec{a}) = (rs)\vec{a} \quad (r+s)\vec{a} = r\vec{a} + s\vec{a} \quad r(\vec{a} + \vec{b}) = r\vec{a} + r\vec{b} \quad 1\vec{a} = \vec{a}$$

Spaltenschreibweise: Sei $\vec{a} = \begin{pmatrix} a_1 \\ a_2 \end{pmatrix}$. $\begin{pmatrix} a_1 \\ a_2 \end{pmatrix} + \begin{pmatrix} b_1 \\ b_2 \end{pmatrix} = \begin{pmatrix} a_1 + b_1 \\ a_2 + b_2 \end{pmatrix}$; $r \begin{pmatrix} a_1 \\ a_2 \end{pmatrix} = \begin{pmatrix} r a_1 \\ r a_2 \end{pmatrix}$

Satz: Sind die Vektoren $\vec{a}, \vec{b}$ linear unabhängig, so folgt aus $r\vec{a} + s\vec{b} = \vec{o}$ stets $r = s = 0$.

Für Vektoren ist ein **Skalarprodukt** definiert: $\vec{a} \cdot \vec{b} = \begin{pmatrix} a_1 \\ a_2 \end{pmatrix} \begin{pmatrix} b_1 \\ b_2 \end{pmatrix} = a_1 b_1 + a_2 b_2$.

Spezialfall: $\vec{a} \cdot \vec{a} = \vec{a}^2 = a_1^2 + a_2^2$. Man nennt $\sqrt{\vec{a}^2} = \sqrt{a_1^2 + a_2^2}$ den Betrag von $\vec{a}$ und bezeichnet ihn mit $|\vec{a}|$ oder kurz mit a.

Für das Skalarprodukt gilt das
Kommutativgesetz: $\vec{a} \cdot \vec{b} = \vec{b} \cdot \vec{a}$
Distributivgesetz: $(\vec{a} + \vec{b}) \cdot \vec{c} = \vec{a} \cdot \vec{c} + \vec{b} \cdot \vec{c}$
gemischte Assozitivgesetz: $(r\vec{a}) \cdot \vec{b} = r(\vec{a} \cdot \vec{b})$

$\vec{a} \cdot \vec{b} = 0 \Leftrightarrow \vec{a} \perp \vec{b}$ für $\vec{a}, \vec{b} \neq \vec{o}$

$\vec{a} \cdot \vec{b} = ab \cos(\sphericalangle (\vec{a}, \vec{b}))$; $\vec{a} \cdot \vec{b} = \vec{a} \cdot \vec{b}_a$; $\vec{a}^0 \cdot \vec{b}^0 = \cos(\sphericalangle (\vec{a}, \vec{b}))$ mit $\vec{a}^0 = \dfrac{\vec{a}}{a}$.

$\vec{a} \cdot \vec{b}_\perp = ab \sin(\sphericalangle (\vec{a}, \vec{b}))$

Flächeninhalt eines Dreiecks	Vektor zum **Mittelpunkt** M von $\vec{AB}$	Geradengleichung (Zwei-Punkte-Form)	Teilungspunkt T der Strecke $\vec{AB}$ im Verhältnis $|AT|:|TB| = s:1$
$A = \frac{1}{2}\sqrt{\vec{a}^2 \vec{b}^2 - (\vec{a} \cdot \vec{b})^2}$	$\vec{m} = \frac{1}{2}(\vec{a} + \vec{b})$	$\vec{x} = \vec{a} + s(\vec{b} - \vec{a})$	$\vec{t} = \dfrac{\vec{a} + s\vec{b}}{1 + s}$

   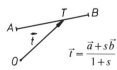

1.6. Ebene Trigonometrie

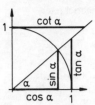

Definition am Einheitskreis

Definitionen am rechtwinkligen Dreieck:

$\sin\alpha = \dfrac{\text{Gegenkathete zu }\alpha}{\text{Hypotenuse}}$ $\cos\alpha = \dfrac{\text{Ankathete zu }\alpha}{\text{Hypotenuse}}$

$\tan\alpha = \dfrac{\text{Gegenkathete zu }\alpha}{\text{Ankathete zu }\alpha} = \dfrac{\sin\alpha}{\cos\alpha}$ $\cot\alpha = \dfrac{\text{Ankathete zu }\alpha}{\text{Gegenkathete zu }\alpha} = \dfrac{\cos\alpha}{\sin\alpha}$

Graphen der Winkelfunktionen und Beziehungen zwischen ihnen

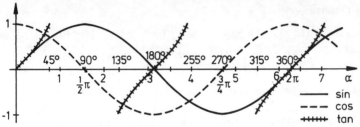

Perioden:
$\sin x = \sin(x+k2\pi)$
$\cos x = \cos(x+k2\pi)$
$\tan x = \tan(x+k\pi)$
$\cot x = \cot(x+k\pi)$,
$k \in \mathbb{Z}$

$\sin^2\alpha + \cos^2\alpha = 1$ $\tan\alpha \cdot \cot\alpha = 1$ $\tan\alpha = \dfrac{\sin\alpha}{\cos\alpha}$ $\cot\alpha = \dfrac{\cos\alpha}{\sin\alpha}$

$\sin\alpha = \dfrac{\tan\alpha}{\pm\sqrt{1+\tan^2\alpha}}$ $\cos\alpha = \dfrac{1}{\pm\sqrt{1+\tan^2\alpha}}$ $1+\tan^2\alpha = \dfrac{1}{\cos^2\alpha}$

$\tan\alpha = \dfrac{\sin\alpha}{\pm\sqrt{1-\sin^2\alpha}} = \dfrac{\pm\sqrt{1-\cos^2\alpha}}{\cos\alpha} = \dfrac{1}{\cot\alpha}$

Umrechnungen

	0	$\frac{1}{6}\pi$	$\frac{1}{4}\pi$	$\frac{1}{3}\pi$	$\frac{1}{2}\pi$
	0°	30°	45°	60°	90°
sin	0	$\frac{1}{2}$	$\frac{1}{2}\sqrt{2}$	$\frac{1}{3}\sqrt{3}$	1
cos	1	$\frac{1}{2}\sqrt{3}$	$\frac{1}{2}\sqrt{2}$	$\frac{1}{2}$	1
tan	0	$\frac{1}{3}\sqrt{3}$	1	$\sqrt{3}$	–
cot	–	$\sqrt{3}$	1	$\frac{1}{3}\sqrt{3}$	0

Besondere Werte ($R = 90°$)

	$R \pm \alpha$	$2R \pm \alpha$	$-\alpha$
sin	$+\cos\alpha$	$\mp\sin\alpha$	$-\sin\alpha$
cos	$\mp\sin\alpha$	$-\cos\alpha$	$+\cos\alpha$
tan	$\mp\cot\alpha$	$\pm\tan\alpha$	$-\tan\alpha$
cot	$\mp\tan\alpha$	$\pm\cot\alpha$	$-\cot\alpha$

Vorzeichen

	Quadrant			
	I	II	III	IV
sin	+	+	–	–
cos	+	–	–	+
tan	+	–	+	–
cot	+	–	+	–

Additionssätze

$\sin(\alpha \pm \beta) = \sin\alpha \cos\beta \pm \cos\alpha \sin\beta$
$\cos(\alpha \pm \beta) = \cos\alpha \cos\beta \mp \sin\alpha \sin\beta$
$\sin\alpha \pm \sin\beta = 2\sin\dfrac{\alpha \pm \beta}{2}\cos\dfrac{\alpha \mp \beta}{2}$

$\tan(\alpha \pm \beta) = \dfrac{\tan\alpha \pm \tan\beta}{1 \mp \tan\alpha \tan\beta}$

$\cos\alpha + \cos\beta = 2\cos\dfrac{\alpha + \beta}{2}\cos\dfrac{\alpha - \beta}{2}$

Dreiecksberechnungen

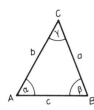

Sinussatz: $\dfrac{a}{\sin\alpha} = \dfrac{b}{\sin\beta} = \dfrac{c}{\sin\gamma} = 2r$

Kosinussatz: $a^2 = b^2 + c^2 - 2bc\cdot\cos\alpha$

Tangenssatz: $\dfrac{\tan\frac{\alpha-\beta}{2}}{a-b} = \dfrac{\tan\frac{\alpha+\beta}{2}}{a+b}$

Halbwinkelsatz: $\tan\dfrac{\alpha}{2} = \dfrac{(s-b)(s-c)}{s(s-a)} = \dfrac{\rho}{s-a}$ mit $\rho = \sqrt{\dfrac{(s-a)(s-b)(s-c)}{s}}$

Dreiecksfläche: $A = \dfrac{1}{2}ab\sin\gamma = \dfrac{abc}{4r} = \rho s$

1.7. Stereometrie

Würfel   **Quader**   **Prisma**   **Zylinder**   **Pyramide**   **Kegel**

$V = a^3$ $V = abc$ $V = G\cdot h$ $V = \pi r^2 h$ $V = \frac{1}{3}Gh$ $V = \frac{1}{3}\pi r^2 h$

$A = 6a^2$ $A = 2(ab+ac+bc)$ $M = 2\pi rh$ $M = \pi rs$

$e = a\cdot\sqrt{3}$ $e = \sqrt{a^2+b^2+c^2}$ (Mantelfläche) $O = \pi r(r+s)$

Pyramidenstumpf   **Kegelstumpf**   **Kugel**   **Kugelschicht**

$V = \frac{1}{3}h(G_1 + \sqrt{G_1 G_2} + G_2)$ $V = \frac{1}{3}\pi h(r_1^2 + r_1 r_2 + r_2^2)$ $V = \frac{4}{3}\pi r^3$ $V = \frac{1}{6}\pi h(3\rho_1^2 + 3\rho_2^2 + h^2)$

     $M = \pi s(r_1 + r_2)$ $A = 4\pi r^2$ $A\,(\text{Zone}) = 2\pi rh$

Kugelabschnitt   **Kugelausschnitt**   **Drehparaboloid**   **Ellipsoid**

$V = \frac{1}{3}\pi h^2(3r - h)$ $V = \frac{2}{3}\pi r^2 h$ $V = \frac{1}{2}\pi r^2 h$ $V = \frac{4}{3}\pi abc$

$A\,(\text{Kappe}) = 2\pi rh$

1.8. Elementare Statistik und Wahrscheinlichkeitsrechnung

Mittelwerte

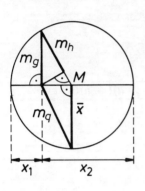

Arithmetisches Mittel

$$\bar{x} = \frac{1}{2}(x_1 + x_2) \qquad \bar{x} = \frac{1}{n}(x_1 + x_2 + \ldots + x_n) = \frac{1}{n}\sum_{i=1}^{n} x_i$$

Geometrisches Mittel

$$m_g = \sqrt{x_1 x_2} \qquad m_g = \sqrt[n]{x_1 x_2 \ldots x_n} = \sqrt[n]{\prod_{i=1}^{n} x_i}$$

Harmonisches Mittel

$$\frac{1}{m_h} = \frac{1}{2}\left(\frac{1}{x_1} + \frac{1}{x_2}\right) \qquad \frac{1}{m_h} = \frac{1}{n}\left(\frac{1}{x_1} + \frac{1}{x_2} + \ldots + \frac{1}{x_n}\right)$$

Quadratisches Mittel

$$m_q = \sqrt{\frac{1}{2}(x_1^2 + x_2^2)} \qquad m_q = \sqrt{\frac{1}{n}(x_1^2 + x_2^2 + \ldots + x_n^2)}$$

Es gilt allgemein: $x_{\min} \leq m_h \leq m_g \leq \bar{x} \leq m_q < x_{\max}$, wenn alle $x_i \geq 0$.

Varianz: $s^2 = \dfrac{1}{n}\sum_{i=1}^{n}(\bar{x} - x_i)^2 = -\bar{x}^2 + \dfrac{1}{n}\sum_{i=1}^{n} x_i^2$ **Standardabweichung:** $s = \sqrt{s^2}$

Mittlere lineare Abweichung: $a = \dfrac{1}{n}\sum_{i=1}^{n}|\bar{x} - x_i|$

Elementare Kombinatorik

Anzahl der **Permutationen** von n-Elementen (ohne Wiederholung): $n!$
(bei a-facher Wiederholung eines Elements): $\dfrac{n!}{a!}$

Anzahl der **Variationen** ohne Wiederholung (geordnete Stichprobe des Umfangs k):

$$V_{n,k} = n(n-1)(n-2)\ldots(n-k+1) = \frac{n!}{(n-k)!}$$

Anzahl der Variationen mit *Wiederholung*
$$\bar{V}_{n,k} = n^k$$

Anzahl der **Kombinationen** ohne Wiederholung ((ungeordnete) Teilmengen des Umfangs k)

$$K_{n,k} = \frac{n(n-1)\ldots(n-k+1)}{k!} = \binom{n}{k}$$

Anzahl der Kombinationen *mit Wiederholung*

$$\bar{K}_{n,k} = \frac{n(n+1)\ldots(n+k-1)}{k!} = \binom{n+k-1}{k}$$

Elementare Wahrscheinlichkeitsrechnung

Laplace-**Wahrscheinlichkeit:** $P(A) = \dfrac{\text{Anzahl der günstigen Fälle für das Eintreffen von } A}{\text{Anzahl der möglichen Fälle}}$

Multiplikationssatz für unabhängige Ereignisse $P(A \cap B) = P(A) \cdot P(B)$

Additionssatz
$P(A \cup B) = P(A) + P(B) - P(A \cap B)$

Bedingte Wahrscheinlichkeiten
(Eintreffen von A unter der Bedingung B):
$$P(A/B) = \frac{P(A \cap B)}{P(B)}$$

Gegenwahrscheinlichkeit $P(\bar{A})$:
Es gilt $P(\bar{A}) = 1 - P(A)$.

2. Mathematik der S II

2.1. Analysis

Funktionen – Ableitungen – Stammfunktionen

$f'(x)$	$f(x)$	$F(x)$	$f'(x)$	$f(x)$	$F(x)$
c	cx	$\frac{1}{2}cx^2$	$\cos x$	$\sin x$	$-\cos x$
nx^{n-1}	x^n	$\frac{1}{n+1}x^{n+1}$	$-\sin x$	$\cos x$	$\sin x$
$-\frac{1}{x^2}$	$\frac{1}{x}$	$\ln x$	$\frac{1}{\cos^2 x}$	$\tan x$	$-\ln|\cos x|$
e^x	e^x	e^x	$-\frac{1}{\sin^2 x}$	$\cot x$	$\ln|\sin x|$
$a^x \cdot \ln a$	a^x	$\frac{a^x}{\ln a}$	$\frac{1}{\sqrt{1-x^2}}$	$\arcsin x$	$x\arcsin x + \sqrt{1-x^2}$
$\frac{1}{x}$	$\ln|x|$	$x \cdot \ln|x| - x$	$-\frac{1}{\sqrt{1-x^2}}$	$\arccos x$	$x\arccos x - \sqrt{1-x^2}$
$\frac{1}{x \cdot \ln a}$	$\log_a x$		$\frac{1}{1+x^2}$	$\arctan x$	$x\arctan x - \frac{1}{2}\ln(x^2+1)$

Weitere Stammfunktionen s. S. 21 und 28.

Ableitungsregeln

Linearität: $(f+g)' = f' + g'$; $(cf)' = cf'$ ($c = $ konst.)

Produktregel: $(fg)' = f'g + fg'$

Quotientenregel: $\left(\dfrac{f}{g}\right)' = \dfrac{f'g - fg'}{g^2}$ $(g \neq 0)$

Kettenregel: $(f(z(x)))' = f'(z) \cdot z'(x) = \dfrac{df}{dz} \cdot \dfrac{dz}{dx}$

Umkehrfunktion: $f: x \mapsto f(x)$ habe die Umkehrfunktion $\bar{f}: y \mapsto \bar{f}(y)$

Für $y_0 = f(x_0)$ und $f'(x_0) \neq 0$ gilt: $\bar{f}'(y_0) = \dfrac{1}{f'(x_0)}$.

Mittelwertsatz der Differentialrechnung: Wenn $f: x \mapsto f(x)$ stetig auf $[a,b]$ und differenzierbar auf $]a,b[$ ist, dann gibt es (mindestens) eine Stelle c mit $a < c < b$, so daß gilt:
$$\frac{f(b) - f(a)}{b-a} = f'(c).$$

Regel von *l'Hospital*: Wenn f und g auf $D_f = D_g$ differenzierbar sind mit $a \in D_f$, $f(a) = g(a) = 0$ und $\lim\limits_{x \to a} f'(x) = F$ und $\lim\limits_{x \to a} g'(x) = G \neq 0$, so gilt:

$$\lim_{x \to a} \frac{f(x)}{g(x)} = \frac{\lim\limits_{x \to a} f'(x)}{\lim\limits_{x \to a} g'(x)} = \frac{F}{G}.$$

Funktionsbegriff

Funktion: Eine Zuordnung f heißt Funktion, wenn jedem $x \in D$ (**Definitionsmenge**) genau ein $f(x) \in W$ (**Wertemenge**) zugeordnet ist. Schreibweise: $f: x \mapsto f(x)$.
Relation: Eine Zuordnung R von A nach B, die durch eine Teilmenge der Produktmenge $A \times B$ beschrieben werden kann, heißt (zweistellige) Relation in $A \times B$. Wenn die Zuordnung eindeutig ist, d. h. wenn jedem Urbild nur genau ein Bild zugeordnet wird, nennt man die Relation auch Funktion.
Vertauscht man **Vor-** und **Nachbereich,** so erhält man die Umkehrrelation.
Monotonie: Eine Funktion f heißt in einem Intervall I monoton steigend (streng monoton steigend), wenn für $x_1, x_2 \in I$ mit $x_1 < x_2$ gilt: $f(x_1) \leq f(x_2)$ ($f(x_1) < f(x_2)$).
Folgt aus $x_1 < x_2$ in I $f(x_1) > f(x_2)$, so heißt f in I monoton fallend.
Satz: Jede auf einem Intervall streng monotone Funktion besitzt eine Umkehrfunktion.

Kurvendiskussion

Mögliche Diskussionspunkte:
1) Definitionsmenge D, Wertemenge W
2) asymptotisches Verhalten, vertikale Asymptoten, asymptotische Kurven, Ersatzfunktion bei hebbarer Lücke;
   Periode: Bedingung: $f(x) = f(x+a)$ für alle $x \in D$. a heißt Periodenlänge.
   Achsensymmetrie zur y-Achse: Bedingung: $f(x) = f(-x)$ für alle $x \in D$.
   Punktsymmetrie bzgl. des Ursprungs: Bedingung $f(x) = -f(-x)$ für alle $x \in D$.
3) Nullstellen: Bedingung: $f(x_N) = 0$
4) Extremstellen: Notw. Bed.: $f'(x_E) = 0$. Hinr. Bed.: $f'(x_E) = 0 \wedge f''(x_E) \neq 0$.
   Oder: $f'(x_E) = 0$ und $f'(x)$ hat an der Stelle x_E einen Vorzeichenwechsel.
   Wenn $f''(x_E) < 0$ bzw. VZW von $+$ nach $-$, dann ist $H(x_E/f(x_E))$ Hochpunkt.
   Wenn $f''(x_E) > 0$ bzw. VZW von $-$ nach $+$, dann ist $T(x_E/f(x_E))$ Tiefpunkt.
   Allgem.: Wenn $f'(x) = 0$ und $f''(x) = 0$ sind, erkennt man an der Ableitung niedrigster Ordnung $\neq 0$, ob eine Extremstelle vorliegt. Ist die Ordnung gerade, so liegt eine Extremstelle vor, ist sie ungerade, handelt es sich um eine Wendestelle mit waagerechter Tangente (Stelle eines Sattelpunkts).
5) Monotonieverhalten (Krümmungsverhalten). Die Funktion f ist über einem Intervall $I \in D$ genau dann konvex (konkav), wenn f' dort monoton wächst (fällt). Hinreichende Bedingung:
   $\smile$ $\frown$
   konvex konkav $f''(x) \geq 0 \quad (f''(x) \leq 0)$.
6) Wendestellen: Hinreichende Bedingung: $f''(x_W) = 0 \wedge f'''(x_W) \neq 0$.
   Oder: $f''(x_W) = 0$ und $f''(x)$ hat an der Stelle x_W einen Vorzeichenwechsel.
   Allgem.: S. Extremstelle, allgem.
   Ein Wendepunkt mit waagerechter Tangente heißt Sattelpunkt.
7) Wertetabelle und Graph

Krümmungskreis: Radius: $\rho = \dfrac{(1+y'^2)^{3/2}}{y''} \quad M\left(x - \dfrac{y'(1+y'^2)}{y''} \;\Big/\; y + \dfrac{1+y'^2}{y''}\right)$

Parameterdarstellung:

$$\begin{cases} x = \varphi(t) \\ y = \psi(t) \end{cases} \quad \dot\varphi(t) = \frac{d\varphi}{dt}; \quad \dot\psi(t) = \frac{d\psi}{dt}; \quad \frac{dy}{dx} = \frac{\dot\varphi(t)}{\dot\psi(t)}; \quad \frac{d^2y}{dt^2} = \frac{\dot\varphi\ddot\psi - \ddot\varphi\dot\psi}{(\dot\varphi)^3}$$

Polarkoordinaten: $r = r(\varphi), \quad x = r\cos\varphi, \quad y = r\sin\varphi, \quad \tan\varphi = \dfrac{y}{x}; \quad \tan\tau = \dfrac{r}{r'},$

$$r' = \frac{dr}{d\varphi}; \quad \frac{dy}{dx} = \frac{r'\sin\varphi + r\cos\varphi}{r'\cos\varphi - r\sin\varphi}; \quad \frac{d^2y}{dx^2} = \frac{r^2 + 2r'^2 - r\cdot r''}{(r'\cos\varphi - r\sin\varphi)^3}$$

Unbestimmtes Integral

Definitionen: $x \mapsto F(x)$ ist eine **Stammfunktion** von $x \mapsto f(x)$, wenn $F' = f$. Als **unbestimmtes Integral** von f bezeichnet man die Menge aller Stammfunktionen von f:

$$\int f(x)\,dx = F(x) + C \quad (C \text{ heißt } \textbf{Integrationskonstante}).$$

Elementare Stammfunktionen s. auch S. 19

$f(x)$	$F(x)$	$f(x)$	$F(x)$
$\dfrac{1}{x-a}$	$\ln|x-a|$	$\sqrt{ax+b}$	$\dfrac{2}{3a}(ax+b)^{3/2}$
$\dfrac{1}{(x-a)(x-b)}$	$\dfrac{1}{a-b}\cdot\ln\left|\dfrac{x-a}{x-b}\right|$ $(a\neq b)$	$\sqrt{x^2-a^2}$	$\dfrac{x}{2}\sqrt{x^2-a^2} - \dfrac{a^2}{2}\ln|x+\sqrt{x^2-a^2}|$
$\dfrac{1}{(x-a)^2}$	$-\dfrac{1}{x-a}$	$\dfrac{1}{\sqrt{ax+b}}$	$\dfrac{2}{a}\sqrt{ax+b}$
$\dfrac{1}{x^2-a^2}$	$\dfrac{1}{2a}\cdot\ln\dfrac{x-a}{x+a}$ $(|x|>|a|)$	$\dfrac{1}{\sqrt{x^2-a^2}}$	$\ln|x+\sqrt{x^2-a^2}|$
$\dfrac{1}{a^2-x^2}$	$\dfrac{1}{2a}\cdot\ln\dfrac{a+x}{a-x}$ $(|x|<|a|)$	$\dfrac{1}{\sqrt{a^2-x^2}}$	$\arcsin\dfrac{x}{a}$
$\dfrac{1}{a^2+x^2}$	$\dfrac{1}{a}\cdot\arctan\dfrac{x}{a}$	$\dfrac{1}{\sqrt{a^2+x^2}}$	$\ln(x+\sqrt{x^2+a^2})$
$\sin^2 x$	$\tfrac{1}{2}(x-\sin x\cos x)$	$\cos^2 x$	$\tfrac{1}{2}(x+\sin x\cos x)$
$\dfrac{1}{\sin x}$	$\ln\left|\tan\dfrac{x}{2}\right|$	$\dfrac{1}{\cos x}$	$\ln\left|\tan\left(\dfrac{x}{2}+\dfrac{\pi}{4}\right)\right|$
$\dfrac{1}{\sin^2 x}$	$-\cot x$	$\dfrac{1}{\cos^2 x}$	$\tan x$
$\dfrac{1}{1+\sin x}$	$\tan\left(\dfrac{x}{2}-\dfrac{\pi}{4}\right)$	$\dfrac{1}{1+\cos x}$	$\tan\dfrac{x}{2}$
$\dfrac{1}{1-\sin x}$	$\cot\left(\dfrac{x}{2}-\dfrac{\pi}{4}\right)$	$\dfrac{1}{1-\cos x}$	$-\cot\dfrac{x}{2}$
$\tan^2 x$	$\tan x - x$	$\cot^2 x$	$-\cot x - x$
$\arcsin x$	$x\cdot\arcsin x + \sqrt{1-x^2}$	$\arccos x$	$x\cdot\arccos x - \sqrt{1-x^2}$
$\arctan x$	$x\cdot\arctan x - \tfrac{1}{2}\ln(x^2+1)$	$\text{arccot}\, x$	$x\cdot\text{arccot}\, x + \tfrac{1}{2}\ln(x^2+1)$
$e^{ax}\sin bx$	$\dfrac{e^{ax}}{a^2+b^2}(a\sin bx - b\cos bx)$	$e^{ax}\cos bx$	$\dfrac{e^{ax}}{a^2+b^2}(a\cos bx + b\sin bx)$

Bestimmtes Integral

Hauptsatz: $\int_a^b f(x)\,dx = F(b) - F(a) = F(x)\Big|_a^b$ mit $F' = f$.

Existenzsatz: Für jede auf $[a, b]$ stetige (oder monotone) Funktion $x \mapsto f(x)$ existiert

$$I(z) = \int_a^z f(x)\,dx \text{ mit } I' = f \text{ und } I(a) = 0.$$

Mittelwertsatz (der Integralrechnung): Wenn f stetig auf $[a, b]$, dann gilt

$$\int_a^b f(x)\,dx = (b-a)f(c) \text{ mit } a < c < b.$$

Änderung der Grenzen: $\int_a^b f(x)\,dx = -\int_b^a f(x)\,dx \qquad \int_a^c f(x)\,dx + \int_c^b f(x)\,dx = \int_a^b f(x)\,dx$

Linearität: $\int_a^b k \cdot f(x)\,dx = k \cdot \int_a^b f(x)\,dx \quad (k = \text{Konstante})$

$$\int_a^b (f(x) \pm g(x))\,dx = \int_a^b f(x)\,dx \pm \int_a^b g(x)\,dx$$

Monotonie: Ist $f(x) < g(x)$ für alle $x \in [a, b]$, so gilt $\int_a^b f(x)\,dx < \int_a^b g(x)\,dx$.

Abschätzung: Ist $m < f(x) < M$ für alle $x \in [a, b]$, so gilt

$$m(b-a) < \int_a^b f(x)\,dx < M(b-a).$$

Partielle Integration: $\int_a^b u'(x)v(x)\,dx = u(x)v(x)\Big|_a^b - \int_a^b u(x)v'(x)\,dx.$

Substitution: $\int_a^b f(g(x)) \cdot g'(x)\,dx = \int_{g(a)}^{g(b)} f(z)\,dz$ mit $z = g(x)$ und $dz = g'(x)\,dx$

Spezialfall: $\int_a^b \dfrac{f'(x)}{f(x)}\,dx = \ln|f(x)|\Big|_a^b$

Flächeninhalte

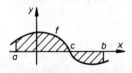

Fläche zwischen einem Kurvenstück von f und der x-Achse

$$A = \int_a^c f(x)\,dx + \left|\int_c^b f(x)\,dx\right|$$

(Man darf i. a. *nicht* über die Nullstellen hinweg integrieren.)

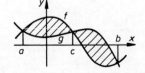

Fläche zwischen den Graphen zweier Funktionen f und g

$$A = \int_a^c (f(x) - g(x))\,dx + \int_c^b (g(x) - f(x))\,dx$$

(Man darf i. a. *nicht* über die Schnittstellen hinweg integrieren.)

Numerische Verfahren

Näherungsverfahren zur Berechnung von Nullstellen

Regula falsi (Sekantenverfahren)

$$x_{i+2} = x_i - f(x_i) \frac{x_{i+1} - x_i}{f(x_{i+1}) - f(x_i)}$$

Newton-Verfahren (Tangentenverfahren)

$$x_{i+1} = x_i - \frac{f(x_i)}{f'(x_i)}$$

Allgemeines Iterationsverfahren
1. Schritt: $f(x) = 0$ wird durch Äquivalenzumformung auf die Form $x = g(x)$ umgeschrieben.
2. Schritt: Iteration mit $x_{i+1} = g(x)$.

Satz: Wenn $x_0 \in I = [a, b]$ und g stetig differenzierbar auf I und $|g'(x)| < 1$ auf I und $g: I \to J \subseteq I$, dann konvergiert die Folge der x_i gegen die Lösung $\bar{x}$ mit $f(\bar{x}) = 0$.

Zur Fehlerabschätzung:
Satz: Wenn g stetig differenzierbar auf I mit $|g'(x)| \leq k < 1$ (k Kontraktionskonstante) und $g: I \to J \subseteq I$, dann gilt für die Glieder der Iterationsfolge:

(1) $|x_i - \bar{x}| \leq \dfrac{k}{1-k} \cdot |x_{i-1} - x_i|$ (a-posteriori-Abschätzung)

(2) $|x_i - \bar{x}| \leq \dfrac{k^n}{1-k} \cdot |x_0 - x_1|$ (a-priori-Abschätzung)

Näherungsverfahren zur Berechnung von Integralen

Das Intervall $[a, b]$ sei durch Teilpunkte in $2n$ gleich lange Teilintervalle der Länge $h = \dfrac{b-a}{2n}$ zerlegt.

Es gelte: $y_i = f(x_i)$ und $x_0 = a, x_1 = x_0 + h, \ldots, x_{2n} = b$.

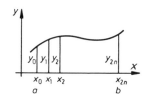

Sehnenformel (Trapezregel)

$$S(h) = h(\tfrac{1}{2} y_0 + y_1 + y_2 + \ldots + y_{2n-1} + \tfrac{1}{2} y_{2n})$$

Für den Integrationsfehler gilt: $\left| \int_a^b f(x)\,dx - S(h) \right| = \dfrac{b-a}{12} h^2 f''(\xi)$ mit $a < \xi < b$.

Tangentenformel: $T(h) = 2h_1(y_1 + y_3 + \ldots + y_{2n-1})$

Simpsonformel: $\text{Si}(h) = \tfrac{2}{3} h [(\tfrac{1}{2} y_0 + y_2 + \ldots + y_{2n-2} + \tfrac{1}{2} y_{2n}) + 2(y_1 + y_3 + \ldots + y_{2n-1})]$

Für den Integrationsfehler gilt: $\left| \int_a^b f(x)\,dx - \text{Si}(h) \right| = \dfrac{b-a}{180} h^4 f^{(4)}(\xi)$ mit $a < \xi < b$.

Spezialfall für $n = 1$: **Kepler**sche Faßregel: $\int_a^b f(x)\,dx \approx \dfrac{b-a}{6} \left[f(a) + 4 \cdot f\left(\dfrac{a+b}{2}\right) + f(b) \right]$

Folgen und Reihen

(a_1 **Anfangsglied,** a_n **Endglied,** a_k **ktes Glied,** d Differenz, n Anzahl der Glieder, s_n Summe der ersten n Glieder)

Arithmetische Folgen und Reihen:

$$a_k = a_1 + (k-1)d \qquad a_n = a_1 + (n-1)d \qquad d = a_n - a_{n-1} = \ldots = a_2 - a_1 = \text{konstant}$$

$$s_n = a_1 + a_2 + \ldots + a_n = \sum_{k=1}^{n} a_k = \frac{n}{2}(a_1 + a_n)$$

Geometrische Folgen und Reihen:

$$a_k = a_1 q^{k-1} \qquad a_n = a_1 q^{n-1} \qquad q = \frac{a_n}{a_{n-1}} = \ldots = \frac{a_3}{a_2} = \frac{a_z}{a_1} = \text{konstant}$$

$$s_n = a_1 + a_2 + \ldots + a_n = \sum_{k=1}^{n} a_k = a_1(1 + q + q^2 + \ldots + q^{n-2} + q^{n-1}) = a_1 \frac{q^n - 1}{q - 1} \quad (q \neq 1)$$

Wert der unendlichen geometrischen Reihe: $\quad s = \lim_{n \to \infty} s_n = \frac{a_1}{1-q} \quad$ (nur für $|q| < 1$).

Potenzsummen: $\quad \sum_{k=1}^{n} k = \frac{1}{2} n(n+1) \qquad \sum_{k=1}^{n} k^2 = \frac{1}{6} n(n+1)(n+2)$

$$\sum_{k=1}^{n} k^3 = \frac{1}{4} n^2 (n+1)^2 \qquad \sum_{k=1}^{n} k^4 = \frac{1}{30} n(n+1)(2n+1)(3n^2 + 3n - 1)$$

Rentenrechnung (Elementare Zinsrechnung s. S. 7)

(p **Jahreszinssatz** in %, $q = 1 + \frac{p}{100}$ **Zinsfaktor,** n Anzahl der Jahre, r **Jahresrate**)

Zeitrente/Ratensparen: Endwert K_n bei regelmäßigen Zahlungen der Jahresrente r am Jahresende (nachschüssige Zahlungsweise):

$$K_n = \frac{r(q^n - 1)}{q - 1} \qquad n = \frac{\lg[K_n(q-1) + r] - \lg r}{\lg q}$$

Endwert $\tilde{K}_n$ bei Zahlung am Jahresanfang (vorschüssige Zahlungsweise):

$$\tilde{K}_n = q \cdot K_n = q \frac{r(q^n - 1)}{q - 1}; \quad \text{dazugehörige \textbf{Barwerte}:} \quad B_n = \frac{K_n}{q^n} \quad \text{bzw.} \quad \tilde{B}_n = \frac{\tilde{K}_n}{q^n}.$$

Sparkassenformeln: Endwert bei regelmäßiger Vermehrung (+) bzw. Verminderung (−) um die Jahresrate r. Ausgang: K_0.

$$K_n = K_0 q^n \pm \frac{r(q^n - 1)}{q - 1} \quad \text{bzw.} \quad \tilde{K}_n = K_0 q^n \pm \frac{rq(q^n - 1)}{q - 1}.$$

Schuldentilgung eines Darlehens D durch eine jährliche (üblicherweise nachschüssige) Tilgungsrate (Annuität) r_n in n Jahren:

$$r_n = D \cdot \frac{q^n(q-1)}{q^n - 1}; \qquad \text{Tilgungsdauer:} \quad n = \frac{\lg r_n - \lg[r_n - D(q-1)]}{\lg q}.$$

Potenzreihenentwicklungen

Satz von Taylor. Eine Funktion f sei auf $I=[a,b]$ $(n+1)$-mal differenzierbar. Dann gilt für $x_0, x_0+h \in I$

$$f(x_0+h) = f(x_0) + \frac{f'(x_0)}{1!}h + \frac{f''(x_0)}{2!}h^2 + \ldots + \frac{f^{(n)}(x_0)}{n!}h^n + r_n(h)$$

mit dem Restglied r_n.

1) **Restglied von Lagrange**: Es existiert stets ein ϑ mit $0<\vartheta<1$, so daß das Restglied darstellbar ist durch

$$r_n(h) = \frac{h^{n+1}}{(n+1)!}f^{(n+1)}(x_0+\vartheta h).$$

2) **Restglied in Integralform**: $\quad r_n(h) = \frac{1}{n!}\int_{x_0}^{x_0+h}(x_0+h-x)^n \cdot f^{(n+1)}(x)\,dx.$

Spezielle Potenzreihen

$(1 \pm x)^n = 1 \pm \binom{n}{1}x + \binom{n}{2}x^2 \pm \ldots \qquad\qquad |x|<1, \; n\in\mathbb{N}$

$\dfrac{1}{1\pm x} = 1 \mp x + x^2 \mp x^3 + \ldots \qquad\qquad \dfrac{1}{\sqrt{1+x}} = 1 - \tfrac{1}{2}x + \tfrac{3}{8}x^2 - \tfrac{5}{16}x^3 + \ldots \qquad |x|<1$

$\sin x = \dfrac{x}{1!} - \dfrac{x^3}{3!} + \dfrac{x^5}{5!} - \dfrac{x^7}{7!} + -\ldots \qquad \cos x = 1 - \dfrac{x^2}{2!} + \dfrac{x^4}{4!} - \dfrac{x^6}{6!} + -\ldots \qquad x\in\mathbb{R}$

$\tan x = x + \tfrac{1}{3}x^3 + \tfrac{2}{15}x^5 + \tfrac{17}{315}x^7 + \tfrac{62}{2835}x^9 + \ldots \qquad |x|<\tfrac{1}{2}\pi$

$\cot x = \tfrac{1}{x} - \tfrac{1}{3}x - \tfrac{1}{45}x^3 - \tfrac{2}{945}x^5 - \tfrac{1}{4725}x^7 + \ldots \qquad 0<|x|<\pi$

$\arcsin x = x + \tfrac{1}{2}\cdot\dfrac{x^3}{3} + \dfrac{1\cdot 3}{2\cdot 4}\cdot\dfrac{x^5}{5} + \dfrac{1\cdot 3\cdot 5}{2\cdot 4\cdot 6}\cdot\dfrac{x^7}{7} + \ldots \qquad \arccos x = \tfrac{1}{2}\pi - \arcsin x \qquad |x|\leq 1$

$e^x = 1 + \dfrac{x}{1!} + \dfrac{x^2}{2!} + \dfrac{x^3}{3!} + \ldots \qquad a^x = e^{x\ln a} = 1 + \dfrac{x\ln a}{1!} + \dfrac{(x\ln a)^2}{2!} + \ldots \qquad x\in\mathbb{R}$

$\ln(1+x) = x - \dfrac{x^2}{2} + \dfrac{x^3}{3} - \dfrac{x^4}{4} + -\ldots \qquad\qquad -1<x\leq 1$

$\ln x = 2\left[\left(\dfrac{x-1}{x+1}\right) + \tfrac{1}{3}\left(\dfrac{x-1}{x+1}\right)^3 + \tfrac{1}{5}\left(\dfrac{x-1}{x+1}\right)^5 + \ldots\right] \qquad x>0$

$\sinh x = x + \dfrac{x^3}{3!} + \dfrac{x^5}{5!} + \dfrac{x^7}{7!} + \ldots \qquad \cosh x = 1 + \dfrac{x^2}{2!} + \dfrac{x^4}{4!} + \dfrac{x^6}{6!} + \ldots \qquad x\in\mathbb{R}$

Spezielle Näherungsformeln für sehr kleine Werte von x:

	Fehler < 1% für		Fehler < 1% für
$(1+x)^2 \approx 1+2x$	$|x|\leq 0{,}10$	$e^x \approx 1+x$	$|x|\leq 0{,}13$
$(1+x)^3 \approx 1+3x$	$|x|\leq 0{,}05$	$\ln(1+x) \approx x$	$|x|\leq 0{,}02$
$\dfrac{1}{1+x} \approx 1-x$	$|x|\leq 0{,}10$	$\sin x \approx x$	$|x|\leq 0{,}24\;(14°)$
$\sqrt{1+x} \approx 1+\tfrac{1}{2}x$	$-0{,}24 \leq x \leq 0{,}32$	$\cos x \approx 1 - \tfrac{1}{2}x^2$	$|x|\leq 0{,}65\;(37°)$
$\sqrt{\dfrac{1}{1+x}} \approx 1-\tfrac{1}{2}x$	$-0{,}15 \leq x \leq 0{,}17$	$\tan x \approx x$	$|x|\leq 0{,}18\;(10°)$
		$\arcsin x \approx x$	$|x|\leq 0{,}24\;(14°)$
		$\arctan x \approx x$	$|x|\leq 0{,}17\;(37°)$

Volumina und Mantelflächen von Rotationskörpern
Bogenlänge, Guldinregeln, Sektorfläche

Rotation eines Kurvenstücks um die x-Achse

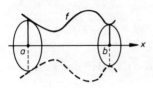

$$A_x = \left| \int_a^b f(x)\,dx \right|$$

$$V_x = \pi \int_a^b f^2(x)\,dx$$

$$M_x = 2\pi \int_a^b f(x) \cdot \sqrt{1+(f'(x))^2}\,dx$$

$$s = \int_a^b \sqrt{1+(f'(x))^2}\,dx$$

Rotation eines Kurvenstücks um die y-Achse.

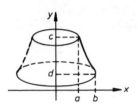

$$A_y = \left| \int_c^d x\,dy \right| = \left| \int_a^b x \cdot f'(x)\,dx \right|$$

(Bedingung: Wenn f stetig und streng monoton, dann existiert eine Umkehrfunktion f^{-1} mit $x = f^{-1}(y)$.)

$$V_y = \left| \pi \int_c^d x^2\,dy \right| = \pi \int_a^b x^2 \cdot f'(x)\,dx$$

$$M_y = \left| 2\pi \int_c^d x \cdot \sqrt{1+[(f^{-1})'(y)]^2}\,dy \right|$$

*Guldin*regeln

1. Das Volumen V eines Rotationskörpers ist gleich dem Produkt aus dem Inhalt A der erzeugenden Fläche (auf e i n e r Seite der Drehachse) und dem Weg $2\pi\eta$ des Flächenschwerpunktes: $V = 2\pi\eta \cdot A$.

2. Die Mantelfläche M eines Rotationskörpers ist gleich dem Produkt aus der Länge s des erzeugenden Bogens und dem Weg $2\pi v$ des Bogenschwerpunktes bei der Drehung: $M = 2\pi v \cdot s$.

Sektorfläche bei Parameterdarstellung bzw. Polarkoordinaten

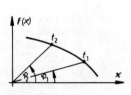

$$S = \frac{1}{2}\int_{t_1}^{t_2}(\varphi\psi'-\varphi'\psi)\,dt = \frac{1}{2}\int_{\varphi_1}^{\varphi_2} r^2\,d\varphi$$

Bogenlänge bei Parameterdarstellung bzw. Polarkoordinaten

$$s = \int_{x_1}^{x_2}\sqrt{1+(f'(x))^2}\,dx = \int_{t_1}^{t_2}\sqrt{\varphi'^2+\psi'^2}\,dt = \int_{\varphi_1}^{\varphi_2}\sqrt{r^2+r'^2}\,d\varphi$$

Differentialgleichungen

(Gewöhnliche) Differentialgleichungen sind Bestimmungsgleichungen für Funktionen (einer Variablen), die mindestens eine Ableitung der zu bestimmenden Funktionen enthalten. Den Grad der höchsten auftretenden Ableitung nennt man auch die Ordnung der Differentialgleichung. Unter der Lösung einer Differentialgleichung versteht man die Menge aller Funktionen, die mit ihren Ableitungen die Differentialgleichung erfüllen. Die Lösung einer Differentialgleichung n-ter Ordnung ist eine Menge von Funktionen, die n frei wählbare Parameter enthält, die im folgenden mit c bzw. c_i ($\in \mathbb{R}$) bezeichnet werden.

Elementare Differentialgleichungen und ihre allgemeine Lösung:

$f'(x) = a$ ($=$ const.) $\qquad f(x) = ax + c$

$f''(x) = b$ ($=$ const.) $\qquad f(x) = \frac{1}{2}bx^2 + c_1 x + c_2$

$f''(x) - a^2 f(x) = 0$ $\qquad f(x) = c_1 e^{ax} + c_2 e^{-ax}$

Schwingungen $\left(y = f(t); \ \dot{y} = \frac{dy}{dt}; \ \ddot{y} = \frac{d^2 y}{dt^2} \right)$

$\ddot{y} + \omega_0^2 y = 0$, $\omega_0 =$ const. $\qquad y = c_1 \sin \omega_0 t + c_2 \cos \omega_0 t = c_3 \sin(\omega_0 t + c_4)$
(harmonische Schwingung)

$\ddot{y} + 2x\dot{y} + \omega_0^2 y = 0$, $x, \omega_0 =$ const. $\qquad$ Man unterscheidet 3 Fälle der gedämpften Schwingung:

$x^2 < \omega_0^2$ (gedämpfte harmonische Schw.) $\quad y = c_1 e^{-xt} \sin(\omega t + c_2)$ mit $\omega = \sqrt{\omega_0^2 - x^2}$

$x^2 = \omega_0^2$ (aperiodischer Grenzfall) $\qquad y = e^{-xt}(c_1 + c_2 t)$

$x^2 > \omega_0^2$ (aperiodische Kriechbewegung) $\quad y = c_1 e^{at} + c_2 e^{bt}$ mit
$\qquad a = -x + \sqrt{x^2 - \omega_0^2}, \ b = -x - \sqrt{x^2 - \omega_0^2}$

$\ddot{y} + \omega_0 y = b \sin t$, $\omega_0 =$ const. $\qquad$ **Erzwungene ungedämpfte Schwingung:**

Allgemeine Lösung: $y = \dfrac{b}{\omega_0^2 - \omega^2} \sin \omega t + c_1 \sin \omega_0 t + c_2 \cos \omega_0 t$.

Wachstumsgleichungen (a, b feste Parameter; c bzw. c_i ($\in \mathbb{R}$) frei wählbar)

Differentialgleichung	Bezeichnung	Allgemeine Lösung
$y' = a$ ($=$ const.)	Lineares Wachstum	$y = ax + c$
$y' = a \cdot y$	Exponentielles Wachstum	$y = c_1 e^{ax}$
$y' = a(b - y)$	Gebremstes Wachstum	$y = c e^{-ax} + b$
$y' = ay - by^2$, $b > 0$	Logistisches Wachstum	$y = \dfrac{ca}{cb + (a - cb)e^{-at}}$
$y' = \dfrac{b}{x} y$, $x > 0$	Allometrisches Wachstum	$y = cx^b$
$y' = by^2$, $b > 0$	Hyperbolisches Wachstum	$y = \dfrac{c}{1 - cbt}$
$\dot{N}(t) = -\lambda N(t)$, $\lambda =$ const.	Radioaktiver Zerfall	$N(t) = N_0 e^{-\lambda t}$

Hyperbelfunktionen

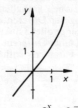 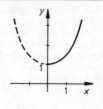 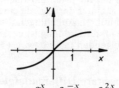

$$\sinh x = \frac{e^x - e^{-x}}{2} \qquad \cosh x = \frac{e^x + e^{-x}}{2} \qquad \tanh x = \frac{e^x - e^{-x}}{e^x + e^x} = \frac{e^{2x} - 1}{e^{2x} + 1}$$

Die zugehörigen **Area-Funktionen** (Hauptwerte der Umkehrfunktionen)

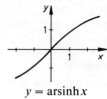 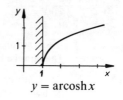

$\qquad y = \text{arsinh}\, x \qquad\qquad\qquad y = \text{arcosh}\, x \qquad\qquad\qquad y = \text{artanh}\, x$

Beziehungen und Formeln:

$$\cosh^2 x - \sinh^2 x = 1 \qquad \tanh x = \frac{\sinh x}{\cosh x} \qquad \coth x = \frac{\cosh x}{\sinh x}$$

$$1 - \tanh^2 x = \frac{1}{\cosh^2 x} \qquad 1 - \coth^2 x = -\frac{1}{\sinh^2 x}$$

$$\sinh(x_1 \pm x_2) = \sinh x_1 \cdot \cosh x_2 \pm \cosh x_1 \cdot \sinh x_2 \qquad \sinh 2x = 2 \sinh x \cdot \cosh x$$
$$\cosh(x_1 \pm x_2) = \cosh x_1 \cdot \cosh x_2 \pm \sinh x_1 \cdot \sinh x_2 \qquad \cosh 2x = \sinh^2 x + \cosh^2 x$$

Darstellung der Areafunktionen mit Hilfe logarithmischer Funktionen:

$$\text{arsinh}\, x = \ln(x + \sqrt{x^2 + 1}) \qquad\qquad \text{arcosh}\, x = \ln(x + \sqrt{x^2 - 1}) \quad \text{für } x \geq 1$$

$$\text{artanh}\, x = \tfrac{1}{2} \ln \frac{1+x}{1-x} \quad \text{für } |x| < 1 \qquad \text{arcoth}\, x = \tfrac{1}{2} \ln \frac{x+1}{x-1} \quad \text{für } |x| > 1$$

$f'(x)$	$f(x)$	$F(x)$
$\cosh x$	$\sinh x$	$\cosh x$
$\sinh x$	$\cosh x$	$\sinh x$
$\dfrac{1}{\cosh^2 x} = 1 - \tanh^2 x$	$\tanh x$	$\ln \cosh x$
$\dfrac{1}{\sqrt{x^2 + 1}}$	arsinh	$x\,\text{arsinh}\, x - \sqrt{x^2 + 1}$
$\dfrac{1}{\sqrt{x^2 - 1}}$ für $x > 1$	$\text{arcosh}\, x$	$x\,\text{arcosh}\, x - \sqrt{x^2 - 1}$
$\dfrac{1}{1 - x^2}$ für $|x| < 1$	$\text{artanh}\, x$	$x\,\text{artanh}\, x + \ln(1 - x^2)$

2.2. Lineare Algebra/Analytische Geometrie

Vgl. auch 1.5. Vektorrechnung, S. 15

In einer Menge V mit den Elementen $\vec{a}, \vec{b}, \vec{c}, \ldots$ sei eine Addition $(V \times V \to V)$ und eine S-Multiplikation $(\mathbb{R} \times V \to V)$ definiert.

V heißt **reeller Vektorraum**, wenn
1. $V(+)$ eine kommutative Gruppe ist, d. h.
   a) Die Addition in V ist abgeschlossen: Für alle $\vec{a}, \vec{b} \in V$ existiert ein $\vec{c} \in V$ mit $\vec{a} + \vec{b} = \vec{c}$.
   b) Es gilt das Assoziativgesetz: $\vec{a} + (\vec{b} + \vec{c}) = (\vec{a} + \vec{b}) + \vec{c}$ für alle $\vec{a}, \vec{b}, \vec{c} \in V$.
   c) In V existiert ein neutrales Element bzgl. der Addition, nämlich $\vec{o}$ mit $\vec{a} + \vec{o} = \vec{o} + \vec{a} = \vec{a}$ für jedes $\vec{a} \in V$.
   d) In V existiert zu jedem Element $\vec{a}$ bzgl. der Addition ein inverses Element $-\vec{a}$, so daß gilt $\vec{a} + (-\vec{a}) = (-\vec{a}) + \vec{a} = \vec{o}$ für jedes $\vec{a} \in V$.
   e) Es gilt das Kommutativgesetz: $\vec{a} + \vec{b} = \vec{b} + \vec{a}$ für alle $\vec{a}, \vec{b} \in V$.
2. a) $(r \cdot s) \vec{a} = r(s \vec{a})$ für alle $\vec{a} \in V; r, s \in \mathbb{R}$ (gemischtes Assoziativgesetz)
   b) $(r + s) \vec{a} = r\vec{a} + s\vec{a}$
      $r(\vec{a} + \vec{b}) = r\vec{a} + r\vec{b}$ für alle $\vec{a}, \vec{b} \in V, r, s \in \mathbb{R}$ (gemischtes Distributivgesetz)
   c) $1 \vec{a} = \vec{a}$ für alle $\vec{a} \in V$.

A heißt **affiner Raum** (affiner Punktraum) bzgl. V, wenn gilt:
1. Zu jedem Punkt $P \in A$ und $\vec{a} \in V$ existiert genau ein $Q \in A$ mit $\overrightarrow{PQ} = \vec{a}$.
2. Für alle $P, Q, R \in A$ gilt: $\overrightarrow{PQ} + \overrightarrow{QR} = \overrightarrow{PR}$.

Es heißt **euklidischer Vektorraum**, wenn A ein Vektorraum ist, in dem ein Skalarprodukt definiert ist. Ein Skalarprodukt $(V \times V \to \mathbb{R})$ hat folgende Eigenschaften:
1. Es gilt das Kommutativgesetz: $\vec{a} \cdot \vec{b} = \vec{b} \cdot \vec{a}$ für alle $\vec{a}, \vec{b} \in V$.
2. Es gilt das (gem.) Distributivgesetz: $(\vec{a} + \vec{b}) \cdot \vec{c} = \vec{a} \cdot \vec{c} + \vec{b} \cdot \vec{c}$ für alle $\vec{a}, \vec{b}, \vec{c} \in V$.
3. Es gilt das (gem.) Assoziativgesetz: $(r\vec{a}) \cdot \vec{b} = r(\vec{a} \cdot \vec{b})$ für alle $\vec{a}, \vec{b} \in V, r \in \mathbb{R}$.
4. Das Skalarprodukt ist positiv-definit: $\vec{a} \cdot \vec{a} > 0$ für alle $a \in V, \vec{a} \neq \vec{o}$.

Ein affiner Punktraum mit euklidischem Vektorraum heißt euklidischer Punktraum.

Betrag (Norm) eines Vektors $\vec{a}$: $|\vec{a}| := \sqrt{\vec{a} \cdot \vec{a}}$ (statt $|\vec{a}|$ schreibt man auch a)

Einheitsvektor (normierter Vektor) $\vec{a}^0$: $\vec{a}^0 := \dfrac{\vec{a}}{a}$, d. h. $|\vec{a}^0| = 1$.

Die Einheitsvektoren auf den Koordinatenachsen werden häufig mit $\vec{e}_1, \vec{e}_2$ und $\vec{e}_3$ bezeichnet.

Orthogonalität $(\vec{a} \perp \vec{b})$: Zwei Vektoren heißen orthogonal zueinander, wenn $\vec{a} \cdot \vec{b} = 0$ gilt.
Satz: Aus $\vec{a} \cdot \vec{b} = 0 \Rightarrow \vec{a} = \vec{o} \lor \vec{b} = \vec{o} \lor \vec{a} \perp \vec{b}$.
Der Nullvektor $\vec{o}$ ist orthogonal zu jedem Vektor $\vec{a} \in V$, insbesondere zu sich selbst.

Winkelmaß α zwischen zwei Vektoren $\vec{a}$ und $\vec{b}$:

$$\cos \alpha = \frac{\vec{a} \cdot \vec{b}}{a \cdot b} = \vec{a}^0 \cdot \vec{b}^0$$

Das **Vektorprodukt** $(V_3 \times V_3 \to V_3)$ - auch **Kreuzprodukt** genannt - ist nur im dreidimensionalen euklidischen Vektorraum V_3 definiert. Es hat folgende Eigenschaften:
1. $\vec{a} \times \vec{b} = -\vec{b} \times \vec{a}$
2. $(\vec{a} + \vec{b}) \times \vec{c} = \vec{a} \times \vec{c} + \vec{b} \times \vec{c}$
3. $(r\vec{a}) \times \vec{b} = r(\vec{a} \times \vec{b})$
4. $\vec{e}_1 \times \vec{e}_2 = \vec{e}_3$; $\vec{e}_2 \times \vec{e}_3 = \vec{e}_1$; $\vec{e}_3 \times \vec{e}_1 = \vec{e}_2$

Zusätzlich gilt:

a) $\vec{a} \times \vec{b} = \begin{vmatrix} \vec{e}_1 & a_1 & b_1 \\ \vec{e}_2 & a_2 & b_2 \\ \vec{e}_2 & a_2 & b_2 \end{vmatrix} = \begin{vmatrix} a_2 & b_2 \\ a_3 & b_3 \end{vmatrix} \vec{e}_1 - \begin{vmatrix} a_1 & b_1 \\ a_3 & b_3 \end{vmatrix} \vec{e}_2 + \begin{vmatrix} a_1 & b_1 \\ a_2 & b_2 \end{vmatrix} \vec{e}_3 = \begin{pmatrix} a_2 b_3 - a_3 b_2 \\ a_3 b_1 - a_1 b_3 \\ a_1 b_2 - a_2 b_1 \end{pmatrix}$

b) $\vec{a} \times \vec{b} \perp \vec{a}$ und $\vec{a} \times \vec{b} \perp \vec{b}$
  $|\vec{a} \times \vec{b}| = ab \Leftrightarrow \vec{a} \perp \vec{b}$; $|\vec{a} \times \vec{b}| = 0 \Leftrightarrow \vec{a} \| \vec{b}$

c) $|\vec{a} \times \vec{b}| = |ab \sin \alpha|$ (Flächeninhalt des von $\vec{a}, \vec{b}$ aufgespannten Parallelogramms)

d) $(\vec{a} \times \vec{b}) \cdot \vec{c} = \det(\vec{a}, \vec{b}, \vec{c})$ (orientiertes Volumen des von $\vec{a}, \vec{b}, \vec{c}$ aufgespannten Spats
  = Spatprodukt)
  $(\vec{a} \times \vec{b}) \cdot \vec{c} = (\vec{b} \times \vec{c}) \cdot \vec{a} = (\vec{c} \times \vec{a}) \cdot \vec{b}$

e) **Entwicklungssätze:** $(\vec{a} \times \vec{b}) \times \vec{c} = (\vec{a} \cdot \vec{c}) \vec{b} - (\vec{b} \cdot \vec{c}) 3 \cdot \vec{a}$
  $(\vec{a} \times \vec{b}) \cdot (\vec{c} \times \vec{d}) = (\vec{a} \cdot \vec{c})(\vec{b} \cdot \vec{d}) - (\vec{a} \cdot \vec{d})(\vec{b} \cdot \vec{c})$

Geradengleichungen

Bezeichnung	vektoriell	Koordinaten (Zweidim.)

Parameterformen

2-Punkteform $\quad \vec{x} = \vec{a} + \lambda(\vec{b} - \vec{a}) \quad \begin{pmatrix} x_1 \\ x_2 \end{pmatrix} = \begin{pmatrix} a_1 \\ a_2 \end{pmatrix} + \lambda \begin{pmatrix} b_1 - a_1 \\ b_2 - a_1 \end{pmatrix}$

$$y - y_1 = \frac{y_1 - y_0}{x_2 - x_1}(x - x_1)$$

Punkt-Richtungsform $\quad \vec{x} = \vec{a} + \lambda \vec{r} \quad \begin{pmatrix} x_1 \\ x_2 \end{pmatrix} = \begin{pmatrix} a_1 \\ a_2 \end{pmatrix} + \lambda \begin{pmatrix} r_1 \\ r_2 \end{pmatrix}$

$$y - y_1 = m(x - x_1)$$

Achsenabschnittform $\quad\quad\quad\quad\quad\quad\quad\quad\quad\quad\quad \dfrac{x}{a} + \dfrac{y}{b} = 1$

Normalform $\quad\quad \vec{n} \cdot \vec{x} = k, \, \vec{n} \neq \vec{o} \quad \begin{pmatrix} n_1 \\ n_2 \end{pmatrix} \begin{pmatrix} x_1 \\ x_2 \end{pmatrix} = k$
  (nur im 2-Dimensionalen)
  $\quad\quad\quad\quad\quad\quad\quad\quad\quad\quad\quad\quad\quad\quad\quad\quad\quad n_1 x + n_2 y = k$

Ebenengleichungen

Parameterformen
3-Punkteform $\quad \vec{x} = \vec{a} + \lambda(\vec{b} - \vec{a}) + \mu(\vec{c} - \vec{a})$
  mit $(\vec{b} - \vec{a})$ und $(\vec{c} - \vec{a})$ lin. unabhängig
Punkt-Richtungsform $\quad \vec{x} = \vec{a} + \lambda \vec{u} + \mu \vec{v} \quad$ mit $\vec{u}$ und $\vec{v}$ lin. unabhängig
Normalform $\quad \vec{n} \cdot (\vec{x} - \vec{a}) = 0 \quad$ mit $\vec{n}$ Normalenvektor zu $\mathbb{E}$ und $A \in \mathbb{E}$
***Hesse*sche Normalform** $\quad \vec{n}^0 \cdot \vec{x} = \vec{n}^0 \cdot \vec{a} = d \quad$ mit $|d|$ Abstand der Ebene vom Ursprung.

Kegelschnitte

Kreis $\vec{x}=r^2$ $x^2+y^2=r^2$
(verschoben) $(\vec{x}-\vec{m})^2=r^2$ $(x-y_M)^2+(y-y_M)^2=r^2$

Parabel $\left(\binom{0}{1}\cdot\vec{x}\right)^2=2\vec{p}\cdot\vec{x}$ $y^2=2px$

Ellipse/Hyperbel $\vec{x}^2=(\vec{e}_1\cdot\vec{x})^2+b^2$ $\dfrac{x^2}{a^2}\pm\dfrac{y^2}{b^2}=1$

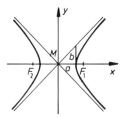
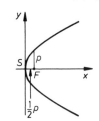
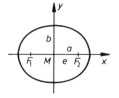

Scheitelgleichung $\vec{x}^2=(\vec{e}_1\cdot\vec{x})+2\vec{p}\cdot\vec{x}$ $y^2=2px\mp\dfrac{p}{a}x^2=2px-(1-\varepsilon^2)x^2$

mit $\vec{e}_1=\binom{\varepsilon}{0}$ und $\vec{p}=\binom{p}{0}$

Polargleichung $r=\dfrac{p}{1-\varepsilon\cos\alpha}$

(Die Polargleichung gilt für den linken Brennpunkt der Ellipse, für den rechten der Hyperbel und bei $\varepsilon=1$ für die Parabel)

mit $p=\dfrac{b^2}{a}$, $e^2=a^2\mp b^2$, $e=\varepsilon a$

$\varepsilon=0$ Kreis mit Radius p
$0<\varepsilon<1$ Ellipse
$\varepsilon=1$ Parabel
$1<\varepsilon$ Hyperbel

e lineare Exzentrizität ε numerische Exzentrizität p halbe Sperrung

Gleichung für **konjugierte Durchmesser**: $\vec{m}\cdot\vec{m}^*=\varepsilon^2$ $mm'=\mp\dfrac{b^2}{a^2}$

Tangenten- bzw. Polargleichungen

Kreis $\vec{x}_T\cdot\vec{x}=r^2$ $x_1x+y_1y=r^2$
$(\vec{x}_T-\vec{m})(\vec{x}-\vec{m})=r^2$ $(x_1-x_M)(x-x_M)+(y_1-y_M)(y-y_M)=r^2$

Parabel $\left(\binom{0}{1}\cdot\vec{x}_T\right)\left(\binom{0}{1}\cdot\vec{x}\right)=\vec{p}\cdot(\vec{x}_T+\vec{x})$ $y_1y=p(x+x_1)$

Ellipse/Hyperbel $\vec{x}_T\cdot\vec{x}=(\vec{e}_1\cdot\vec{x}_T)(\vec{e}_1\cdot\vec{x})+b^2$ $\dfrac{x_1x}{a^2}\pm\dfrac{y_1y}{b^2}=1$

Allgemeine Gleichung der Kegelschnitte: $Ax^2+2Bxy+Cy^2+2Dx+2Ey+F=0$;
ergibt für

$AC>B^2$ Ellipse, Punkt oder imaginare Kurve
$AC=B^2$ Parabel oder paralleles Geradenpaar
$AC<B^2$ Hyperbel oder sich schneidendes Geradenpaar

2.3. Stochastik

Vgl. auch 1.8. Elementare Statistik und Wahrscheinlichkeitsrechnung, S. 18

Bei Stichproben aus einer Grundgesamtheit werden die (empirische) **Standardabweichung** s bzw. die **Varianz** s^2 abweichend von den Formeln auf S. 18 wie folgt definiert und berechnet:

$$s^2 := \frac{1}{n-1} \sum_{i=1}^{n} (x_i - \bar{x})^2 = \frac{1}{n-1} \sum_{j=1}^{p} n_j (a_j - \bar{x})^2 = \frac{n}{n-1} \sum_{j=1}^{p} h_j (a_j - \bar{x})^2.$$

Die *praktische Berechnung* erfolgt meist nach einer der folgenden Formeln:

$$s^2 = \frac{1}{n-1}\left(\sum_{i=1}^{n} x_i^2 - n\bar{x}^2\right) = \frac{1}{n-1}\left(\sum_{i=1}^{n} x_i^2 - \frac{1}{n}\left(\sum_{i=1}^{n} x_i\right)^2\right) = \frac{1}{n-1}\left(\sum_{j=1}^{p} n_j a_j^2 - \frac{1}{n}\left(\sum_{j=1}^{p} n_j a_j\right)^2\right).$$

Regressionsgeraden, Korrelationskoeffizient

Liegen aus einer Erhebung n Datenpaare $(x_i; y_i)$ vor, so kann man für das zugehörige Streuungsdiagramm zwei **Regressionsgeraden** bestimmen:

$$y = ax + b \quad \text{mit} \quad a = \frac{\sum_{i=1}^{n} (x_i - \bar{x})(y_i - \bar{y})}{\sum_{i=1}^{n} (x_i - \bar{x})^2} \quad \text{und} \quad b = \bar{y} - a\bar{x},$$

$$x = a'x + b' \quad \text{mit} \quad a' = \frac{\sum_{i=1}^{n} (x_i - \bar{x})(y_i - \bar{y})}{\sum_{i=1}^{n} (y_i - \bar{y})^2} \quad \text{und} \quad b' = \bar{x} - a'\bar{y}.$$

Beide Regressionsgeraden schneiden sich im Schwerpunkt der ‚Wolke' $(\bar{x}/\bar{y})$ und bilden eine ‚Schere'. Der (*Pearson*sche) **Korrelationskoeffizient**

$$r = \frac{\sum_{i=1}^{n} (x_i - \bar{x})(y_i - \bar{y})}{\sqrt{\sum_{i=1}^{n} (x_i - \bar{x})^2 \cdot \sum_{i=1}^{n} (y_i - \bar{y})^2}} \quad (\text{d.h. } r^2 = a \cdot a')$$

gibt an, wie gut die Abhängigkeit der beiden Merkmale durch die lineare Funktion beschrieben wird:

$r = -1$	$-1 < r < 0$	$r = 0$	$0 < r < 1$	$r = 1$
funktionale Abhängigkeit	stochastische Abhängigkeit	keine lineare Abhängigkeit	stochastische Abhängigkeit	funktionale Abhängigkeit

Rangkorrelationskoeffizient nach *Spearman* $r = 1 - \dfrac{6 \sum_{i=1}^{n} D_i^2}{n(n^2 - 1)}$ mit $D_i =$ Rangunterschied in den beiden Bewertungen.

Wahrscheinlichkeitsfunktion (Wahrscheinlichkeitsbewertung)

Jede Funktion $P: \Omega \to [0; 1]$, die jedem Ereignis A ($\subseteq \Omega$) eine reelle Zahl $P(A)$ mit $0 \leq P(A) \leq 1$ zuordnet, heißt **Wahrscheinlichkeitsfunktion** auf Ω, wenn sie die folgenden **Axiome von *Kolmogorow*** erfüllt:
1. $P(\Omega) = 1$ (Normierung),
2. Wenn $A \cap B = \emptyset$, so gilt $P(A \cup B) = P(A) + P(B)$ (Additivität).

Aus den Axiomen sind folgende weitere Eigenschaften herleitbar:
$P(\overline{A}) = 1 - P(A)$ (Wahrscheinlichkeit des Gegenereignisses $\overline{A}$ von A),
$P(\emptyset) = 0$.
Aus $P(A) = 0$ folgt *nicht* zwingend $A = \emptyset$. A heißt (fast) unmöglich.
Aus $P(A) = 1$ folgt *nicht* zwingend $A = \Omega$. A heißt (fast) sicher.
Aus $A \subseteq B$ folgt $P(A) \leq P(B)$.
Für beliebige $A, B \subseteq \Omega$ gilt: $P(A \cup B) = P(A) + P(B) - P(A \cap B)$.

Verteilungen

Jede Funktion $X: \Omega \to \mathbb{R}$ mit $\omega_i \mapsto X(\omega_i)$ heißt eine (diskrete) **Zufallsgröße** (Zufallsvariable). Der Funktionswert heißt **Merkmalswert** des Ereignisses $\{\omega_i\}$.
Zufallsgrößen werden mit großen Buchstaben $X, Y, \ldots$, die Funktionswerte mit den entsprechenden kleinen Buchstaben $x_i, y_i, \ldots$ bezeichnet. $X = x_i$ beschreibt das Ereignis $\{\omega_i \in \Omega \mid X(\omega_i) = x_i\}$.
Die Funktion $f: \mathbb{R} \to [0; 1]$ mit $x \mapsto f(x) = P(X = x)$ heißt **Wahrscheinlichkeitsfunktion** der Zufallsgröße X, d.h. $f(x) = P(X = x)$ gibt die Wahrscheinlichkeit dafür an, daß die Zufallsgröße X den Wert x annimmt.
Eine **Verteilungsfunktion** F ist definiert durch $F: \mathbb{R} \to [0; 1]$ mit

$$F(x) = P(X \leq x) = \sum_{x_i \leq x} f(x_i).$$

Eigenschaften: $\lim_{x \to -\infty} F(x) = 0$; $\lim_{x \to +\infty} F(x) = 1$; F ist an evtl. Sprungstellen x rechtsseitig stetig, d.h. dort gilt für $h > 0$: $\lim_{h \to 0} F(x_i + h) = F(x_i)$.

Diskrete Gleichverteilung

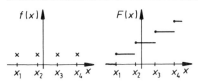

Modell: Würfeln.
Es gibt n verschiedene Stellen $x_1, x_2, \ldots, x_n \in \mathbb{R}$ mit $P(X = x_i) = \frac{1}{n}$ und $P(X = x) = 0$ für $x \neq x_i$.
Gleichverteilung wird häufig angenommen, wenn kein Grund (Asymmetrie) dagegen spricht, z.B. beim Würfeln.

Sei $p_i = P(X = x_i)$, dann gilt für den **Erwartungswert** E bzw. die **Varianz** V

$$E(X) = x_1 p_1 + x_2 p_2 + \ldots + x_n p_n = \sum_{i=1}^{n} x_i p_i \quad \text{bzw.} \quad V(X) = E(X^2) - (E(X))^2.$$

Statt $E(X)$ sind auch die Bezeichnungen μ bzw. μ_x und statt $V(X)$ auch σ^2 bzw. σ_x^2 üblich. $\sigma = \sqrt{\sigma^2}$ heißt **Standardabweichung**.
Sonderfall: $x_1 = 1; x_2 = 2; \ldots; x_n = n$. Dann ist $E(X) = \frac{1}{2}(n+1)$, $V(X) = \frac{1}{12}(n^2 - 1)$.

Tschebyschew-Ungleichung zur Abschätzung für die Wahrscheinlichkeit, daß sich der Wert irgendeiner Zufallsgröße vom Erwartungswert um mindestens k (beliebig vorgegebene Zahl) unterscheidet:
Hat eine Zufallsgröße X den Erwartungswert μ und die Varianz σ^2, so gilt für jedes $k > 0$:

$$P(|X - \mu| \geq k) \leq \frac{\sigma^2}{k^2}; \quad P(|X - \mu| < k) \geq 1 - \frac{\sigma^2}{k^2}; \quad P(\mu - k < X < \mu + k) \geq 1 - \frac{\sigma^2}{k^2};$$

$$P(|X - \mu| < z\sigma) \geq 1 - \frac{1}{z^2}; \quad P(|X - \mu| \geq z\sigma) \leq \frac{1}{z^2}.$$

Hypergeometrische Verteilung

Modell: Einer Urne mit R roten und $N-R$ schwarzen Kugeln werden ohne Zurücklegen n Kugeln entnommen. Die Zufallsgröße X gibt die Anzahl k der gezogenen roten Kugeln an.

Man nennt X **hypergeometrisch** verteilt mit der Wahrscheinlichkeitsfunktion

$$f_H : k \mapsto P(X=k) := f_H(k;n,R,N) = \binom{R}{k}\binom{N-R}{n-k} \bigg/ \binom{N}{n}.$$

$$\mu = n \cdot \frac{R}{N} = np; \quad \sigma^2 = np(1-p) \cdot \frac{N-n}{N-1} \quad \text{mit} \quad p = \frac{R}{N}.$$

Die hypergeometrische Verteilung kann für $N \gg n$ durch eine Binomialverteilung angenähert werden.

Binomialverteilung

Modell: Einer Urne mit R roten und $N-R$ schwarzen Kugeln werden nacheinander mit Zurücklegen n Kugeln entnommen (*Bernoulli*kette der Länge n). Die Zufallsgröße X gibt die Anzahl k der gezogenen roten Kugeln an.

Man nennt X **binomialverteilt** mit der Wahrscheinlichkeitsfunktion

$$f_B : k \mapsto P(X=k) := f_B(k;n,p) = B(k;n,p) = \binom{n}{k} p^k q^{n-k} \quad \text{mit} \quad p = \frac{R}{N} \quad \text{und} \quad q = 1-p.$$

$$\mu = np; \quad \sigma^2 = np(1-p).$$

Verteilungsfunktion: $F_B : k \mapsto P(X=k) = F_B(k;n,p) = \sum_{i=1}^{k} f_B(i;n,p).$

Rekursionsformel: $f_B(0;n,p) = (1-p)^n$ und $f_B(k+1;n,p) = \dfrac{p(n-k)}{(1-p)(k+1)} f_B(k;n,p).$

Mögliche Umrechnungen: $f_B(k;n,p) = f_B(n-k;n,1-p)$
$F_B(k;n,p) = F_B(n-k-1;n,1-p)$

zur Berechnung von Wahrscheinlichkeiten:
$P(X=k) = f_B(k;n,p) = F_B(k;n,p) - F_B(k-1;n,p)$
$P(X>k) = 1 - F_B(k;n,p)$
$P(k_1 < X \leq k_2) = F_B(k_2;n,p) - F_B(k_1;n,p)$
$P(k_1 \leq X \leq k_2) = F_B(k_2;n,p) - F_B(k_1 - 1;n,p)$

Approximationen, s. S. 41

Geometrische Verteilung

Modell: Einer Urne mit R roten und $N-R$ schwarzen Kugeln werde solange eine Kugel (mit Zurücklegen) entnommen, bis man erstmals eine rote Kugel zieht. Die Zufallsgröße X gibt die Anzahl k der erforderlichen Versuche an.

Man nennt X **geometrisch verteilt** mit der Wahrscheinlichkeitsfunktion

$$f_G : k \mapsto P(X=k) := f_G(k;p) = (1-p)^{k-1} p. \quad \mu = \frac{1}{p}; \quad \sigma^2 = \frac{1-p}{p^2}$$

Rekursionsformel: $f_G(k+1;p) = (1-p) \cdot f_G(k;p)$

Eigenschaft: $\sum_{k=1}^{\infty} f_G(k;p) = p \sum_{k=1}^{\infty} (1-p)^{k-1} = \dfrac{p}{1-(1-p)} = 1$ (geometrische Reihe)

Binomialverteilung $f_B(k;n,p) = \binom{n}{k} p^k (1-p)^{n-k}$

n	k	p=50%	40%	33,$\overline{3}$%	30%	25%	20%	16,$\overline{6}$%	10%		
2	0	0,2500	0,3600	0,4444	0,4900	0,5625	0,6400	0,6944	0,8100	2	
	1	5000	4800	4444	4200	3750	3200	2778	1800	1	
	2	2500	1600	1111	0900	0625	0400	0156	0100	0	2
3	0	0,1250	0,2160	0,2963	0,3430	0,4219	0,5120	0,5787	0,7290	3	
	1	3750	4320	4444	4410	4219	3840	3472	2430	2	
	2	3750	2880	2222	1890	1406	0960	0694	0270	1	
	3	1250	0640	0370	0270	0156	0080	0046	0010	0	3
4	0	0,0625	0,1296	0,1975	0,2401	0,3164	0,4096	0,4823	0,6561	4	
	1	2500	3456	3951	4116	4219	4096	3858	2916	3	
	2	3750	3456	2963	2646	2109	1536	1157	0486	2	
	3	2500	1536	0988	0756	0469	0256	0154	0036	1	
	4	0625	0256	0123	0081	0039	0016	0008	0001	0	4
5	0	0,0313	0,0778	0,1317	0,1681	0,2373	0,3277	0,4019	0,5905	5	
	1	1563	2592	3292	3602	3955	4096	4019	3281	4	
	2	3125	3456	3292	3087	2637	2048	1608	0729	3	
	3	3125	2304	1646	1323	0879	0512	0321	0081	2	
	4	1563	0768	0412	0284	0146	0064	0032	0005	1	
	5	0313	0102	0041	0024	0010	0003	0001	0000	0	5
6	0	0,0156	0,0467	0,0878	0,1176	0,1780	0,2621	0,3349	0,5314	6	
	1	0938	1866	2634	3025	3560	3932	4019	3543	5	
	2	2344	3110	3292	3241	2966	2458	2009	0984	4	
	3	3125	2765	2195	1852	1318	0819	0536	0146	3	
	4	2344	1382	0823	0595	0330	0154	0080	0012	2	
	5	0938	0369	0165	0102	0044	0015	0006	0001	1	
	6	0158	0041	0014	0007	0002	0001	0000	0000	0	6
7	0	0,0078	0,0280	0,0585	0,0824	0,1335	0,2097	0,2791	0,4783	7	
	1	0547	1306	2048	2471	3115	3670	3907	3720	6	
	2	1641	2613	3073	3177	3115	2753	2344	1240	5	
	3	2734	2903	2561	2269	1730	1147	0781	0230	4	
	4	2734	1935	1280	0972	0577	0287	0156	0026	3	
	5	1641	0774	0384	0250	0115	0043	0019	0002	2	
	6	0547	0172	0064	0036	0013	0004	0001	0000	1	
	7	0078	0016	0005	0002	0001	0000	0000	0000	0	7
8	0	0,0039	0,0168	0,0390	0,0576	0,1001	0,1678	0,2326	0,4305	8	
	1	0313	0896	1561	1977	2670	3355	3721	3826	7	
	2	1094	2090	2731	2965	3115	2936	2605	1488	6	
	3	2188	2787	2731	2541	2076	1468	1042	0331	5	
	4	2734	2322	1707	1361	0865	0459	0260	0046	4	
	5	2188	1239	0683	0467	0231	0092	0042	0004	3	
	6	1094	0413	0171	0100	0038	0011	0004	0000	2	
	7	0313	0079	0024	0012	0004	0001	0000	0000	1	
	8	0039	0007	0002	0001	0000	0000	0000	0000	0	8
		p=50%	60%	66,$\overline{3}$%	70%	75%	80%	83,$\overline{3}$%	90%	k	n

Kumulierte Binomialverteilung $F_B(k;n,p) = \sum_{i=1}^{k} \binom{n}{i} p^i (1-p)^{n-1}$

n	k	p=3%	5%	10%	15%	20%	25%	30%	40%	50%		
5	0	0,8587	0,7738	0,5906	0,4437	0,3277	0,2373	0,1681	0,0778	0,0313	5	
	1	9915	9774	9185	8352	7373	6328	5282	3370	1875	4	
	2	9997	9988	9914	9734	9421	8965	8369	6826	5000	3	
	3	1,0000	1,0000	9995	9978	9933	9844	9692	9130	8125	2	
	4			1,0000	9999	9997	9990	9976	9898	9688	1	5
10	0	0,7374	0,5987	0,3487	0,1969	0,1074	0,0563	0,0282	0,0060	0,0010	10	
	1	9655	9139	7361	5443	3758	2440	1493	0464	0107	9	
	2	9972	9885	9298	8202	6778	5256	3828	1673	0547	8	
	3	9999	9990	9872	9500	8791	7759	6496	3823	1719	7	
	4	1,0000	9999	9984	9901	9672	9219	8497	6331	3770	6	
	5		1,0000	9999	9986	9936	9803	9527	8338	6230	5	
	6			1,0000	9999	9991	9965	9894	9452	8281	4	
	7				1,0000	9999	9996	9984	9877	9453	3	
	8					1,0000	1,0000	9999	9983	9893	2	
	9							1,0000	9999	9990	1	10
25	0	0,4670	0,2774	0,0718	0,0172	0,0038	0,0008	0,0001			25	
	1	8280	6424	2712	0931	0274	0070	0016			24	
	2	9620	8729	5371	2537	0982	0321	0090	0,0004		23	
	3	9938	9659	7636	4711	2340	0962	0332	0024	0,0001	22	
	4	9992	9928	9020	6821	4207	2137	0905	0095	0005	21	
	5	9999	9988	9666	8385	6167	3783	1935	0294	0020	20	
	6	1,0000	9998	9905	9305	7800	5611	3407	0736	0073	19	
	7		1,0000	9977	9745	8909	7265	5119	1536	0216	18	
	8			9995	9920	9532	8506	6769	2735	0539	17	
	9			9999	9979	9827	9287	8106	4246	1148	16	
	10			1,0000	9995	9945	9703	9022	5858	2122	15	
	11				9999	9985	9893	9558	7323	3450	14	
	12				1,0000	9996	9966	9825	8462	5000	13	
	13					9999	9991	9940	9222	6550	12	
	14					1,0000	9998	9982	9656	7878	11	
	15						1,0000	9996	9868	8852	10	
	16							9999	9957	9461	9	
	17							1,0000	9988	9784	8	
	18								9997	9927	7	
	19								1,0000	9980	6	
	20									9995	5	
	21									9999	4	
	22									1,0000	3	25
		p=97%	95%	90%	85%	80%	75%	70%	60%	50%	k	n

$$1 - F_B(k;n,p) = \sum_{i=k+1}^{n} \binom{n}{i} p^i (1-p)^{n-i}$$

Binomischer Satz

$$(a+b)^n = \binom{n}{0}a^n b^0 + \binom{n}{1}a^{n-1}b^1 + \binom{n}{2}a^{n-2}b^2 + \ldots + \binom{n}{n}a^0 b^n$$

mit $\binom{n}{0} = \binom{n}{n} = 1$, $\binom{n}{1} = \binom{n}{n-1} = n$, $\binom{n}{k} := \dfrac{n!}{k!(n-k)!} = \binom{n}{n-k}$

und $0! = 1$, $1! = 1$, $n! = (n-1)! \cdot n = 1 \cdot 2 \cdot 3 \cdot \ldots \cdot n$

Fakultäten und Binomialkoeffizienten (*Pascal*sches Dreieck)

$n!$	n	$\binom{n}{1}$	$\binom{n}{2}$	$\binom{n}{3}$	$\binom{n}{4}$	$\binom{n}{5}$	$\binom{n}{6}$	$\binom{n}{7}$	$\binom{n}{8}$	$\binom{n}{9}$	$\binom{n}{10}$	$\binom{n}{11}$
1	1	1										
2	2	2	1									
6	3	3	3	1								
24	4	4	6	4	1							
120	5	5	10	10	5	1						
720	6	6	15	20	15	6	1					
5 040	7	7	21	35	35	21	7	1				
40 320	8	8	28	56	70	56	28	8	1			
362 880	9	9	36	84	126	126	84	36	9	1		
3 628 800	10	10	45	120	210	252	210	120	45	10	1	
39 916 800	11	11	55	165	330	462	462	330	165	55	11	1
479 001 600	12	12	66	220	495	792	924	792	495	220	66	12
6 227 020 800	13	13	78	286	715	1287	1716	1716	1287	715	286	78
87 178 291 200	14	14	91	364	1001	2002	3003	3432	3003	2002	1001	364
1 307 674 368 000	15	15	105	455	1365	3003	5005	6435	6435	5005	3003	1365

Beziehungen zwischen Binomialkoeffizienten

$\binom{n}{k} = \binom{n}{n-k} = \dfrac{n!}{k!(n-k)!}$ (Symmetrie); $\binom{n+1}{k+1} = \binom{n}{k} + \binom{n}{k+1}$; $\binom{n}{k+1} = \binom{n}{k} \cdot \dfrac{n-k}{k+1}$

$\binom{n}{k} = \dfrac{n}{k}\binom{n-1}{k-1} = \dfrac{n}{n-k}\binom{n-1}{k}$

$\binom{k}{k} + \binom{k+1}{k} + \binom{k+2}{k} + \ldots + \binom{n}{k} = \binom{n+1}{k+1}$; $\binom{k}{0} + \binom{k+1}{1} + \binom{k+2}{2} + \ldots + \binom{k+n}{n} = \binom{k+n+1}{n}$

$\binom{n}{0} + \binom{n}{1} + \binom{n}{2} + \ldots + \binom{n}{n} = 2^n$; $\binom{n}{0}^2 + \binom{n}{1}^2 + \binom{n}{2}^2 + \ldots + \binom{n}{n}^2 = \binom{2n}{n}$

Näherung für $n!$ nach *Stirling/Bachmann*

$n! \approx n^n \, e^{-n} \sqrt{2\pi n}$, als Intervallschachtelung: $\sqrt{2\pi n}\, n^n \, e^{-n} \leq n! \leq \sqrt{2\pi n}\, n^n \, e^{-n} \, e^{\frac{1}{12n}}$.

Die folgende Formel nach *Bachmann* liefert für $n \neq 1$ bei Taschenrechner-Benutzung die ersten 8 Dezimalen (ungerundet)

$$n! \approx \sqrt{2\pi n}\, \left(\dfrac{n}{e}\right)^n \exp\!\left(\dfrac{1}{12n + \dfrac{0{,}4}{n} - \dfrac{0{,}075}{n^{2{,}8}}}\right).$$

Poissonverteilung

Modell: Einer Urne mit R roten und $N-R$ schwarzen Kugeln werden n Kugeln entnommen $\left(n \geq 30; \ p = \dfrac{R}{N} \leq 0,1\right)$. Die sich ergebende Verteilung wird gut durch die Wahrscheinlichkeitsfunktion

$$f_P: k \mapsto P(X=k) := f_P(k; n,p) = \frac{(np)^k}{k!} e^{-np} \quad \text{beschrieben.}$$

Die zugehörige Zufallsgröße X heißt *Poisson*-verteilt; np wird häufig als Parameter μ oder λ bezeichnet. $\mu = np$; $\sigma^2 = np$.

Verteilungsfunktion: $F_P: k \mapsto F_P(k; \mu) = \sum\limits_{i=0}^{k} f_P(i; \mu)$

Rekursionsformel: $f_P(0; \mu) = e^{-\mu}$; $\quad f_P(k+1; \mu) = \dfrac{\mu}{k+1} \cdot f_P(k; \mu)$

Für $n \geq 30$, $p \leq 0,1$ (s. o.) approximiert die *Poisson*verteilung die Binomialverteilung. Es gilt: $f_P(k; \mu) \approx f_B(k; n,p)$ bzw. $F(k; \mu) \approx F_B(k; n,p)$.
Zur Benutzung der folgenden Tafel: $f_P(k; \mu) = F_P(k; \mu) - F_P(k-1; \mu)$:

Tafel der Verteilungsfunktion $F_P(k; \mu) = \sum\limits_{i=0}^{k} \dfrac{\mu^i}{i!} e^{-\mu}$

k	μ=0,5	1	1,5	2	2,5	3	3,5	4	5	7	10
0	0,6065	0,3679	0,2231	0,1353	0,0821	0,0498	0,0302	0,0183	0,0067	0,0009	0,0000
1	9098	7358	5578	4060	2873	1991	1359	0916	0404	0073	0005
2	9856	9197	8088	6767	5438	4232	3208	2381	1247	0296	0028
3	9982	9810	9344	8571	7576	6472	5366	4335	2650	0818	0103
4	9998	9963	9814	9473	8912	8153	7254	6288	4405	1730	0293
5		9994	9955	9834	9580	9161	8576	7851	6160	3007	0671
6		9999	9991	9955	9858	9665	9347	8893	7622	4497	1301
7			9998	9989	9958	9881	9733	9489	8666	5987	2202
8				9998	9989	9962	9901	9786	9319	7291	3328
9					9997	9989	9967	9919	9682	8305	4579
10					9999	9997	9990	9972	9863	9015	5830
11						9999	9997	9991	9945	9467	6968
12		Nicht eingetragene					9999	9997	9980	9730	7916
13		Werte sind größer						9999	9993	9872	8645
14		oder gleich 0,99995!							9998	9943	9165
15									9999	9976	9513
16										9990	9730
17										9996	9857
18										9999	9928
19											9965
20											9984
21											9993
22											9997
23											9999

Normalverteilung

Anwendung: Die Normalverteilung ist eine gute Näherung für die Binomialverteilung bei großem Produkt $np(1-p)$.

Eine stetige Zufallsgröße X heißt **Gauß-** oder **normalverteilt** (mit den Parametern μ und σ^2), wenn X die folgende Dichtefunktion f_N besitzt:

$$f_N : x \mapsto f_N(x; \mu, \sigma^2) := \frac{1}{\sigma\sqrt{2\pi}} e^{-\frac{1}{2}\left(\frac{x-\mu}{\sigma}\right)^2}$$

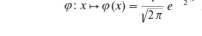

Spezialfall für $\mu = 0$ und $\sigma = 1$:

$$\varphi : x \mapsto \varphi(x) = \frac{1}{\sqrt{2\pi}} e^{-\frac{1}{2}x^2}.$$

Verteilungsfunktion: $F_N(x) = \int\limits_{-\infty}^{x} f_N(u; \mu, \sigma^2) \, du$ bzw. $\Phi(x) = \int\limits_{-\infty}^{x} \varphi(u) \, du$

(Standardnormalverteilung)

Mittelwert: $\mu = \int\limits_{-\infty}^{\infty} x \cdot f_N(x) \, dx;$

Varianz: $\sigma^2 = \int\limits_{-\infty}^{\infty} (x-u)^2 f(x) \, dx = E(X-\mu)^2 = E(X^2) - \mu^2$

Definition: Eine Zufallsgröße X heißt standardisiert, wenn sie **zentriert** ($E(X) = 0$) und **normiert** ($V(X) = 1$) ist.

Satz: Zu einer Zufallsgröße X mit $E(X) = \mu$ und $V(X) = \sigma^2$ gehört wegen $E\left(\frac{X-\mu}{\sigma}\right) = 0$ und $V\left(\frac{X-\mu}{\sigma}\right) = 1$ die standardisierte Zufallsgröße $Z = \frac{X-\mu}{\sigma}$.

Eigenschaften der standardisierten Verteilungsfunktion Φ:

$$\Phi(-z) = 1 - \Phi(z); \qquad \Phi(z) - \Phi(-z) = 2\Phi(z) - 1.$$

Formeln zur Berechnung von Wahrscheinlichkeiten bei einer normalverteilten Zufallsgröße:

$$P(X = x) = \frac{1}{\sigma} \varphi\left(\frac{x-\mu}{\sigma}\right) \qquad P(X \leq x) = \Phi\left(\frac{x-\mu}{\sigma}\right)$$

$$P(X \leq a) = P(X < a) = \Phi\left(\frac{a-\mu}{\sigma}\right) \qquad P(X \geq a) = P(X > a) = 1 - \Phi\left(\frac{a-\mu}{\sigma}\right)$$

$$P(a \leq X \leq b) = P(a < X < b) = \Phi\left(\frac{b-\mu}{\sigma}\right) - \Phi\left(\frac{a-\mu}{\sigma}\right)$$

$$P(\mu - z\sigma \leq X \leq \mu + z\sigma) = 2\Phi(z) - 1$$

Speziell:
$P(\mu - \sigma \leq X \leq \mu + \sigma) = 68{,}3\%$
$P(\mu - 2\sigma \leq X \leq \mu + 2\sigma) = 95{,}4\%$
$P(\mu - 3\sigma \leq X \leq \mu + 3\sigma) = 99{,}7\%$

$P(\mu - 1{,}64\sigma \leq X \leq u + 1{,}64\sigma) = 0{,}900$
$P(\mu - 1{,}96\sigma \leq X \leq u + 1{,}96\sigma) = 0{,}950$
$P(\mu - 2{,}58\sigma \leq X \leq u + 2{,}58\sigma) = 0{,}990$
$P(\mu - 3{,}29\sigma \leq X \leq u + 3{,}29\sigma) = 0{,}999$

Tafeln zur standardisierten Normalverteilung

a) Dichtefunktion $\varphi(z) = \dfrac{1}{\sqrt{2\pi}} e^{-\frac{1}{2}z^2}$

	+0,0	0,1	0,2	0,3	0,4	0,5	0,6	0,7	0,8	0,9
0	0,3989	0,3970	0,3910	0,3814	0,3683	0,3521	0,3332	0,3123	0,2897	0,2661
1	2420	2179	1942	1714	1497	1295	1109	0940	0790	0656
2	0540	0440	0355	0283	0224	0175	0136	0104	0079	0060
3	0044	0033	0024	0017	00123	00087	00061	00042	00029	00019

b) Verteilungsfunktion $\Phi(z) = \dfrac{1}{\sqrt{2\pi}} \int\limits_{-\infty}^{z} e^{-\frac{1}{2}u^2} du$

	+0,00	0,01	0,02	0,03	0,04	0,05	0,06	0,07	0,08	0,09
0,0	0,5000	0,5040	0,5080	0,5120	0,5160	0,5199	0,5239	0,5279	0,5319	0,5359
0,1	5398	5438	5478	5517	5557	5596	5636	5675	5714	5753
0,2	5793	5832	5871	5910	5948	5987	6026	6064	6103	6141
0,3	6179	6217	6255	6293	6331	6368	6406	6443	6480	6517
0,4	6554	6591	6628	6664	6700	6736	6772	6808	6844	6879
0,5	6915	6950	6985	7019	7054	7088	7123	7157	7190	7224
0,6	7257	7291	7324	7357	7389	7422	7454	7486	7517	7549
0,7	7580	7611	7642	7673	7704	7734	7764	7794	7823	7852
0,8	7881	7910	7939	7967	7995	8023	8051	8078	8106	8133
0,9	8159	8186	8212	8238	8264	8289	8315	8340	8365	8389
1,0	8413	8438	8461	8485	8508	8531	8554	8577	8599	8621
1,1	8643	8665	8686	8708	8729	8749	8770	8790	8810	8830
1,2	8849	8869	8888	8907	8925	8944	8962	8980	8997	9015
1,3	9032	9049	9066	9082	9099	9115	9131	9147	9162	9177
1,4	9192	9207	9222	9236	9251	9265	9279	9292	9306	9319
1,5	9332	9345	9357	9370	9382	9394	9406	9418	9429	9441
1,6	9452	9463	9474	9484	9495	9505	9515	9525	9535	9545
1,7	9554	9564	9573	9582	9591	9599	9608	9616	9625	9633
1,8	9641	9649	9656	9664	9671	9678	9686	9693	9699	9706
1,9	9713	9719	9726	9732	9738	9744	9750	9756	9761	9767
2,0	9772	9778	9783	9788	9793	9798	9803	9808	9812	9817

	+0,0	0,1	0,2	0,3	0,4	0,5	0,6	0,7	0,8	0,9
2	0,97725	98214	98610	98928	99180	99379	99534	99653	99745	99813
3	99865	99903	99931	99951	99966	99977	99984	99989	99993	99995
4	99997									

Quantile der χ^2-Verteilung

f	$p=99,9\%$	99,5%	99,0%	95,0%	f	$p=99,9\%$	99,5%	99,0%	95,0%
1	10,83	7,88	6,63	3,84	8	26,13	21,96	20,09	15,51
2	13,82	10,60	9,21	5,99	9	27,88	23,59	21,67	16,92
3	16,27	12,84	11,35	7,81	10	29,59	25,19	23,21	18,31
4	18,47	14,86	13,28	9,49	15	37,70	32,80	30,58	25,00
5	20,52	16,75	15,09	11,07	20	45,31	40,00	37,57	31,41
6	22,46	18,55	16,81	12,59	25	52,62	46,93	44,31	37,65
7	24,32	20,78	18,48	14,07	30	59,70	53,67	50,89	43,77

Approximationen

Annäherung einer Binomialverteilung durch die standardisierte Normalverteilung (Näherungsformeln von *de Moivre/Laplace*).

Mit den Bezeichnungen $\mu = np$ und $\sigma = \sqrt{np(1-p)}$ gilt für $np(1-p) \geq 9$:

$P(X=k) = f_B(k;n,p) \approx \dfrac{1}{\sigma} \varphi(z)$ mit $z = \dfrac{k-\mu}{\sigma}$ (lokale Näherung)

$P(X=k) = f_B(k;n,p) \approx \dfrac{1}{\sigma} \varphi(z) \cdot \left(1 + \dfrac{z}{6\sigma}(2p-1)(3-z^2)\right)$ (lokale Näherung mit Korrekturglied)

$P(X \leq k) = F_B(k;n,p) \approx \Phi(z)$ mit $z = \dfrac{k+0{,}5-\mu}{\sigma}$ (globale Näherung)

$P(k_1 \leq X \leq k_2) \approx \Phi(z_2) - \Phi(z_1)$ mit $z_2 = \dfrac{k_2 + 0{,}5 - \mu}{\sigma}$ und $z_1 = \dfrac{k_1 - 0{,}5 - \mu}{\sigma}$

$P(|X-\mu| \leq c) \approx 2\Phi(z) - 1$ bzw. $P(|X-\mu| > c) \approx 2(1-\Phi(z))$ mit $z = \dfrac{c+0{,}5}{\sigma}$

Annäherung einer *Poisson*verteilung durch die standardisierte Normalverteilung. Für $\mu = \lambda \geq 9$ gilt:

$P(X=k) = f_p(k;\mu) \approx \dfrac{1}{\sqrt{\mu}} \varphi(z)$ mit $z = \dfrac{k-\mu}{\sqrt{\mu}}$

$P(X \leq k) = F_p(k;\mu) \approx \Phi\left(\dfrac{k+0{,}5-\mu}{\sqrt{\mu}}\right)$

$P(k_1 \leq X \leq k_2) = F_p(k_2;\mu) - F_p(k_1-1;\mu) \approx \Phi\left(\dfrac{k_2+0{,}5-\mu}{\sqrt{\mu}}\right) - \Phi\left(\dfrac{k_1-0{,}5-\mu}{\sqrt{\mu}}\right)$

χ^2-Test (Chi-Quadrat-Test)

Wenn s^2 die Varianz einer zufälligen Stichprobe des Umfangs n einer normalverteilten Grundgesamtheit mit der Varianz σ^2 ist, dann gehorcht die Zufallsvariable $\chi^2 = \dfrac{(n-1)s^2}{\sigma^2}$ einer sogen. **Chi-Quadrat-Verteilung** mit dem Parameter f (Freiheitsgrad). Durchführung: Mit $h_i = h(A_i)$ und $p_i = P(A_i)$ in einer vollständigen Ereignisdisjunktion mit r Ereignissen A_i und $\sum_{i=1}^{r} h_i = n$ definiert man die Testgröße

$$T = \sum_{r=1}^{r} \dfrac{(h_i - np_i)^2}{n \cdot p_i} = \dfrac{1}{n}\left(\sum_{i=1}^{n} \dfrac{h_i}{p_i}\right) - n$$

und prüft, ob sie bei zutreffender Nullhypothese für genügend große Stichprobenumfänge hinreichend gut χ^2-verteilt ist bei f Freiheitsgraden.

Tafel der Quantile der χ^2-Verteilung s. S. 40 unten.

Für $f \geq 30$ läßt sich die Vergleichsgröße χ_v^2 für T mit dem Quantil z_v der standardisierten Normalverteilung (s. Tab. S. 40) nach der Transformation $\chi^2 \approx \tfrac{1}{2}(\sqrt{2f-1} + z_v)^2$ berechnen.

2.4. Mengenalgebra – Verband – *Boole*sche Algebra

Gesetze der Mengenalgebra $(G, \cup, \cap, ^-)$; $G = $ Grundmenge; $A, B, C \subset G$

Kommutativgesetze	$A \cup B = B \cup A$	$A \cap B = B \cap A$
Assoziativgesetze	$(A \cup B) \cup C = A \cup (B \cup C)$	$(A \cap B) \cap C = A \cap (B \cap C)$
Distributivgesetze	$A \cup (B \cap C) = (A \cup B) \cap (A \cup C)$	$A \cap (B \cup C) = (A \cap B) \cup (A \cap C)$
Idempotenzgesetze	$A \cup A = A$	$A \cap A = A$
Absorptionsgesetze	$A \cup (A \cap B) = A$	$A \cap (A \cup B) = A$
de Morgan Gesetze und andere Gesetze für Komplementärmengen $\overline{\overline{A}} = A$, $\overline{G} = \emptyset$, $\overline{\emptyset} = G$	$\overline{A \cup B} = \overline{A} \cap \overline{B}$ $A \cup G = G$ $A \cup \emptyset = A$ $A \cup \overline{A} = G$	$\overline{A \cap B} = \overline{A} \cup \overline{B}$ $A \cap \emptyset = \emptyset$ $A \cap G = A$ $A \cap \overline{A} = \emptyset$
Dualitätsprinzip	Wenn im Gesetz $\cup, \cap, \subset, G, \emptyset, =$ steht, dann steht im dualen Gesetz $\cap, \cup, \supset, \emptyset, G, =$.	

Verband $(M, \sqcup, \sqcap)$

Eine nichtleere Menge M, in der zwei Verknüpfungen $\sqcup$ (lies: Vereinigung) und $\sqcap$ (Schnitt) definiert sind, heißt **Verband**, wenn bzgl. der Verknüpfungen $\sqcup$ und $\sqcap$ die Verbandsaxiome, also die

Kommutativgesetze	$a \sqcup b = b \sqcup a$	$a \sqcap b = b \sqcap a$
Assoziativgesetze	$(a \sqcup b) \sqcup c = a \sqcup (b \sqcup c)$	$(a \sqcap b) \sqcap c = a \sqcap (b \sqcap c)$
Verschmelzungsgesetze	$a \sqcup (a \sqcap b) = a$	$a \sqcap (a \sqcup b) = a$

gelten.
Ein Verband heißt **distributiv**, wenn außerdem noch die
Distributivgesetze $\quad a \sqcup (b \sqcap c) = (a \sqcup b) \sqcap (a \sqcup c) \quad a \sqcap (b \sqcup c) = (a \sqcap b) \sqcup (a \sqcap c)$
gelten.
Ein Verband heißt **komplementär**, wenn es zu jedem Element $a \in M$ ein komplementäres Element $\overline{a} \in M$ gibt, für das außer den Verbandsaxiomen zusätzlich die
Komplementärgesetze $\quad (a \sqcup \overline{a}) \sqcap b = b \quad\quad (a \sqcap \overline{a}) \sqcup b = b \quad$ gelten.

*Boole*sche Algebra

Eine *Boole*sche Algebra B ist ein spezieller distributiver und komplementärer Verband, in dem es ein Nullelement $n \in B$ und ein Einselement $e \in B$ mit
$$a \sqcup n = a \quad \text{und} \quad a \sqcap e = a$$
für jedes $a \in B$ gibt. Ferner gilt für a und $\overline{a}$
$$a \sqcup \overline{a} = e \quad \text{und} \quad a \sqcap \overline{a} = n.$$

Gegenüberstellung einiger Algebren

Mengenalgebra, Aussagenalgebra und Schaltalgebra sind Modelle einer *Boole*schen Algebra. Es entsprechen sich:

Mengenalgebra	$A, B, \ldots$	$A, B, \ldots$	$\cap$	$\cup$	$\subset$	G	$\emptyset$	$=$
Aussagenalgebra	$p, q, \ldots$	$p, q, \ldots$	$\wedge$	$\vee$	$\Rightarrow$	w	f	
Schaltalgebra	$a, b, \ldots$	$a, b, \ldots$	$\wedge$	$\vee$	$\Rightarrow$	1	0	$=$

In allen Algebren gilt das Dualitätsprinzip.

2.5 Komplexe Zahlen

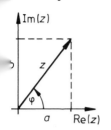

Imaginäre Einheit: $i^2 := -1$; $\quad i^{4k+n} = i^n$ $(k \in \mathbb{Z}, n \in \mathbb{N})$

Komplexe Zahl: $z = a + bi = r(\cos\varphi + i\sin\varphi) = re^{i\varphi}$
mit $a, b, r, \varphi \in \mathbb{R}$.
a heißt **Realteil** von z, b **Imaginärteil**.

Betrag: $|z| = \sqrt{a^2 + b^2} = r$;

$$a = r\cos\varphi, \; b = r\sin\varphi, \; \tan\varphi = \frac{b}{a}$$

Addition/Subtraktion: $z_1 \pm z_2 = (a_1 + b_1 i) \pm (a_2 + b_2 i) = (a_1 \pm a_2) + (b_1 \pm b_2)i$

Multiplikation:
$$z_1 \cdot z_2 = (a_1 + b_1 i)(a_2 + b_2 i)$$
$$= (a_1 a_2 - b_1 b_2) + (a_1 b_2 + a_2 b_1)i$$
$$= r_1 r_2 (\cos(\varphi_1 + \varphi_2) + i\sin(\varphi_1 + \varphi_2)) = r_1 r_2 e^{i(\varphi_1 + \varphi_2)}$$

Division: $(z_2 \neq 0)$:
$$z_1 : z_2 = \frac{a_1 + b_1 i}{a_2 + b_2 i} = \frac{a_1 + b_1 i}{a_2 + b_2 i} \cdot \frac{a_2 - b_2 i}{a_2 - b_2 i} \quad \text{(Reellmachen des Nenners)}$$
$$= \frac{(a_1 a_2 + b_1 b_2) + (a_2 b_1 - a_1 b_2)}{a_2^2 + b_2^2} = \frac{z_1 \cdot \bar{z}_2}{z_2 \cdot \bar{z}_2} = \frac{z_1 \cdot \bar{z}_2}{|z_2|^2}$$
$$= \frac{r_1}{r_2} \left[\cos(\varphi_1 - \varphi_2) + i\sin(\varphi_1 - \varphi_2) \right] = \frac{r_1}{r_2} e^{i(\varphi_1 - \varphi_2)}$$

$\bar{z} \, (= a - bi)$ heißt **konjugiert komplex** zu $z \, (= a + bi)$.

Es gilt: $\overline{z_1 + z_2} = \bar{z}_1 + \bar{z}_2$; $\quad \overline{z_1 \cdot z_2} = \bar{z}_1 \cdot \bar{z}_2$; $\quad z \cdot \bar{z} = a^2 + b^2 = r^2 = |z|^2$.

Moivresche Formeln:
Potenzieren $(k \in \mathbb{Z})$: $\quad z^k = (a + bi)^k = r^k e^{ik\varphi} = r^k (\cos k\varphi + i\sin k\varphi)$
Radizieren $(n \in \mathbb{N})$: $\quad$ Lösungen von $\omega^n = r(\cos\varphi + i\sin\varphi)$ sind

$$\omega_k = \sqrt[n]{r} \left(\cos\frac{\varphi + 2k\pi}{n} + i\sin\frac{\varphi + 2k\pi}{n} \right) = \sqrt[n]{r} \, e^{i\frac{\varphi + 2k\pi}{n}} \quad (k = 0, 1, \ldots, n-1)$$

Speziell: **nte Einheitswurzeln** $e_1, e_2, \ldots, e_n$ sind die Lösungen der Gleichung

$e^n = 1$ $(n \in \mathbb{N})$. Es gilt $\quad e_k = \cos\frac{2k\pi}{n} + i\sin\frac{2k\pi}{n} \quad (k = 0, 1, \ldots, n-1)$

Allgemeine Zusammenhänge $(k \in \mathbb{Z})$:

$e^{ix} = \cos x + i\sin x \quad$ (*Euler*-Formel)
$e^{x + 2k\pi i} = e^x \quad e^{i2k\pi} = 1 \quad e^{i(2k+1)\pi} = -1 \quad i^i = e^{-\pi/2} = 0{,}20787\,95763\ldots$
$\ln(a + bi) = \ln r + i(\varphi + 2k\pi)$. Für $k = 0$ erhält man den **Hauptwert**.

$\ln i = (\tfrac{1}{2}\pi + 2k\pi) \qquad \cos x = \dfrac{e^{ix} + e^{-ix}}{2} \qquad \sin x = \dfrac{e^{ix} - e^{-ix}}{2}$

2.6. Affine Abbildungen – Ähnlichkeitsabbildungen – Kongruenzabbildungen

Definition: Die bijektive Abbildung einer Ebene $\mathbb{E}$ auf sich heißt **affine Abbildung**, wenn sie geradentreu, parallelentreu und teilverhältnistreu ist.

Affine Abbildungsgleichung(en):

$$\begin{matrix} x' = a_{11}x + a_{12}y + c_1 \\ y' = a_{21}x + a_{22}y + c_2 \end{matrix} \qquad \begin{pmatrix} x' \\ y' \end{pmatrix} = x\begin{pmatrix} a_1 \\ a_2 \end{pmatrix} + y\begin{pmatrix} b_1 \\ b_2 \end{pmatrix} + \begin{pmatrix} c_1 \\ c_2 \end{pmatrix} \qquad \vec{x}' = A\vec{x} + \vec{c} \text{ mit } A = \begin{pmatrix} a_{11} & a_{12} \\ a_{21} & a_{22} \end{pmatrix}$$

Koordinatenschreibweise   Vektorschreibweise   Matrizenschreibweise

Für die induzierte Vektorabbildung gilt: $\vec{v}' = A\vec{v}$.

$\vec{v}$ heißt **Eigenvektor**, wenn $\vec{v}' = k\vec{v}$; der Skalar k heißt Eigenwert.

Ein Eigenvektor existiert, wenn die sich aus $\begin{vmatrix} a_{11}-k & a_{21} \\ a_{21} & a_{22}-k \end{vmatrix} = 0$ ergebende **charakteristische** (quadratische) **Gleichung** $k^2 - (a_{11}+a_{22})k + a_{11}a_{22} - a_{12}a_{21} = 0$ mindestens eine reelle Lösung besitzt.

Wenn $\det A = 0$, dann handelt es um eine ausgeartete affine Abbildung.
wenn $|\det A| = 1$, dann heißt die affine Abbildung flächentreu (Kongruenzabbildung)

Sätze. Eine affine Abbildung $(A \ne E)$ hat entweder keinen Fixpunkt oder genau einen Fixpunkt oder genau eine Fixgerade.
Gilt für eine affine Abbildung $(a_{11}-1)(a_{22}-1) - a_{12}a_{21} = 0$, so ist sie die identische Abbildung oder eine affine Abbildung mit genau einer Fixpunktgeraden.

Spezielle affine Abbildungen

$\begin{pmatrix} 1 & 0 \\ 0 & \lambda \end{pmatrix}$ Orthogonale Affinität $\begin{pmatrix} 1 & 0 \\ 0 & -1 \end{pmatrix}$ Orthogonale Spiegelung $\begin{pmatrix} 1 & \lambda \\ 0 & -1 \end{pmatrix}$ Schrägspiegelung

$\begin{pmatrix} 1 & \lambda \\ 0 & 1 \end{pmatrix}$ Scherung $\begin{pmatrix} \lambda_1 & 0 \\ 0 & \lambda_2 \end{pmatrix}$ *Euler*sche Affinität mit $\lambda_1 \ne \lambda_2;\ \lambda_1, \lambda_2 \ne 1$ $\begin{pmatrix} k\cos\varphi & -k\sin\varphi \\ k\sin\varphi & k\cos\varphi \end{pmatrix}$ Affine Drehstreckung

Eine affine Abbildung heißt **Ähnlichkeitsabbildung**, wenn es ein $k \in \mathbb{R}$ gibt, so daß für alle Punkte $P, Q \in \mathbb{E}$ gilt: $|P'Q'| = k|PQ|$.

Sätze. Ähnlichkeitsabbildungen sind winkeltreu.
Die Abbildungsmatrizen einer Ähnlichkeitsabbildung haben stets die Form
$\begin{pmatrix} a & -b \\ b & a \end{pmatrix}$ (gleichsinnig) oder $\begin{pmatrix} a & b \\ b & -a \end{pmatrix}$ (gegensinnig); $\det A \ne 0$.

Spezielle Ähnlichkeitsabbildungen

$\begin{pmatrix} \lambda & 0 \\ 0 & \lambda \end{pmatrix}$ Zentrische Streckung $\begin{pmatrix} k\cos\varphi & -k\sin\varphi \\ k\sin\varphi & k\cos\varphi \end{pmatrix}$ Drehstreckung $\begin{pmatrix} k\cos\varphi & k\sin\varphi \\ k\sin\varphi & -k\cos\varphi \end{pmatrix}$ Spiegelstreckung

Spezielle Kongruenzabbildungen ($|\det A| = 1$)

$\begin{pmatrix} 1 & 0 \\ 0 & 1 \end{pmatrix}$, $\vec{c} = \vec{o}$ Identität $\begin{pmatrix} 1 & 0 \\ 0 & 1 \end{pmatrix}$, $\vec{c} = \vec{v}$ Verschiebung

$\begin{pmatrix} 1 & 0 \\ 0 & -1 \end{pmatrix}$ Spiegelung an der x-Achse $\begin{pmatrix} -1 & 0 \\ 0 & 1 \end{pmatrix}$ Spiegelung an der y-Achse $\begin{pmatrix} 1 & \lambda \\ 0 & 1 \end{pmatrix}$ Scherung

$\begin{pmatrix} \cos\varphi & -\sin\varphi \\ \sin\varphi & \cos\varphi \end{pmatrix}$ Drehung $\begin{pmatrix} -1 & 0 \\ 0 & -1 \end{pmatrix}$ Punktspiegelung

2.7. Sphärische Trigonometrie

Rechtwinkliges Dreieck ($\gamma = 90°$)

Nepersche Regel. Ordnet man die Strecke eines rechtwinkligen sphärischen Dreiecks ohne γ ($= 90°$) den Seiten eines Fünfecks zu, wobei die Katheten a und b durch die Komplemente $(90° - a)$ und $(90° - b)$ ersetzt werden, so gilt:

Der Kosinus eines Stückes ist gleich
a) dem Produkt der cot der anliegenden Stücke, also
z. B. $\cos c = \cot\alpha \cot\beta$, $\cos\alpha = \tan b \cot c$, ...
b) dem Produkt der Sinus der gegenüberliegenden Stücke, also z. B. $\cos c = \cos a \cos b$, $\cos\alpha = \cos a \sin\beta$.

Ferner gilt: $\sin\alpha = \dfrac{\sin a}{\sin c}$; $\tan\alpha = \dfrac{\tan a}{\sin b}$

Beliebiges Dreieck/Allgemeines Dreieck

Es gilt: $0° < a+b+c < 360°$, $180° < \alpha+\beta+\gamma < 450°$, **sphärischer Exzeß:**
$$\varepsilon = \alpha + \beta + \gamma - 180°$$

Sinussatz: $\quad \dfrac{\sin\alpha}{\sin a} = \dfrac{\sin\beta}{\sin b} = \dfrac{\sin\gamma}{\sin c}$

Seitenkosinussätze: $\quad \cos a = \cos b \cos c + \sin b \sin c \cos\alpha, \ldots$
Winkelkosinussätze: $\quad \cos\alpha = -\cos\beta \cos\gamma + \sin\beta \sin\gamma \cos a, \ldots$
Sphärische Höhen: $\quad \sin h_a = \sin c \sin\beta = \sin b \sin\gamma$

Flächeninhalte: $\quad A_3 = \dfrac{\varepsilon° \pi}{180°} r^2 = r^2 \hat{\varepsilon} \qquad A_2 = \dfrac{\alpha° \pi}{180°} 2r^2 = 2r^2 \hat{\alpha}$
(Kugeldreieck) (Kugelzweieck)

Geographische Koordinaten einiger Orte

(mittlerer Erdradius = 6371 km; Sternwarte (S), Flugplatz (F), Zentrum (C))

Ort	Breite φ in °	Länge λ in °	Ort	Breite φ in °	Länge λ in °	Ort	Breite φ in °	Länge λ in °
Athen	+37,97	+ 23,72	Kairo (S)	+30,08	+ 31,29	Peking	+39,90	+116,47
Berlin-Tegel	+52,56	+ 13,30	Kapstadt (S)	−33,93	+ 18,48	Rio de Janeiro	−22,90	− 43,22
Bonn (S)	+50,73	+ 7,10	Kiel	+54,32	+ 10,14	Rom	+41,90	+ 12,48
Bremen	+53,09	+ 8,78	Klagenfurt	+46,61	+ 14,38	Saarbrücken	+49,26	+ 6,98
Buenos Aires	−34,61	− 58,37	Lissabon (S)	+38,71	− 9,19	Salzburg	+47,81	+ 13,04
Delhi	+18,2	+ 77,2	London	+51,51	− 0,10	San Francisco	+37,79	−122,43
Dresden	+51,05	+ 13,77	Luxemburg	+49,61	+ 6,14	Stockholm	+59,34	+ 18,06
Elmshorn	+53,76	+ 9,66	Madrid	+40,42	− 3,68	Stuttgart	+48,78	+ 9,20
Frankfurt/M.	+50,12	+ 8,65	Melbourne (S)	−37,70	+145,00	Sydney	−33,86	+151,21
Greenwich	+51,48	0	Moskau (S)	+55,76	+ 37,57	Tokio (S)	+35,67	+139,54
Hamburg (C)	+53,55	+ 10,00	München (S)	+48,15	+ 11,61	Warschau	+52,24	+ 21,03
Hannover (C)	+52,29	+ 9,76	New York (F)	+40,81	− 73,96	Wien	+48,23	+ 16,34
Hongkong	+22,30	+114,17	Oslo	+59,92	+ 10,70	Zürich (F)	+47,38	+ 8,55
Istanbul	+41,03	+ 28,97	Paris	+48,84	+ 2,34			

3. Die wichtigsten BASIC-Befehle auf einen Blick

A, A1, AX	Beispiele für numerische Speicherbezeichnungen
A$, A1$, AX$	Beispiele für String-Speicherbezeichnungen
+, −, *, /, ↑	mathematische Rechenoperationen
ABS(...), ATN(...), COS(...), EXP(...), INT(...), LOG(...), SGN(...), SIN(...), SQR(...), TAN(...)	mathematische Funktionen. Zufallsfunktion: RND(...)
ASC(...), CHR$(...), LEFT$(...), LEN(...), MID$(...), RIGHT$(...), VAL(...)	Funktionen auf Strings
STR$(...)	ordnet einer Zahl den gleichlautenden String zu.
DEF FN .	zum Definieren von eigenen (mathematischen) Funktionen. Sie werden mit FN. aufgerufen.
INPUT „..."; X	Der Computer unterbricht den Ablauf des Programms und zeigt durch den Kommentar... und ein Fragezeichen an, daß er auf eine Eingabe (hier einer Zahl) wartet. Nach ‚Return' legt er die Zahl im Speicher X ab.
PRINT „A"; Z:	Druckbefehl. Der Computer druckt den mit „ " eingerahmten Text (hier A) und anschließend den Zahlenwert des Speichers Z.
	; läßt den nächsten Ausdruck unmittelbar anschließen,
	, läßt den nächsten Ausdruck auf dem nächsten ‚10er'-Feld erfolgen
	: läßt den nächsten Ausdruck in einer neuen Zeile beginnen (kann als letzter Befehl einer Zeile auch entfallen).
GOTO xx	Der Computer springt im Programmlauf in die angegebene Zeile.
GOSUB xx	Der Computer springt im Programmlauf in ein Unterprogramm, das in der angegebenen Zeile beginnt. Es muß mit RETURN abgeschlossen werden.
END	markiert das Ende eines Programms.
READ X	zum Einlesen aus DATA-Zeilen (hier in den Speicher X)
RESTORE	stellt den DATA-Zähler wieder auf den Anfang zurück.
DIM A(11), DIM B(10, 15)	zum Dimensionieren von Datenfeldern.
	DIM A(11) reserviert Speicherplatz für einen Vektor A mit den Komponenten A(0), A(1), ..., A(11), DIM B(10, 15) reserviert Speicherplatz für eine Matrix B mit den Komponenten B(0,0), B(0,1), ..., B(0,15), ..., B(10,15)
FOR I = A TO B STEP C	definiert eine Programmschleife. I ist die Zählvariable
	Statt der Speicherbezeichnungen A, B, C können auch Zahlenwerte angegeben werden. Bei C = 1 darf der Teil ‚STEP C' weggelassen werden. Bei positivem C muß B > A sein! Die Schleife wird mit NEXT abgeschlossen.
LIST	zum Auslisten eines Programms auf dem Bildschirm. Varianten: LIST -100, LIST 100-, LIST 200-300.
IF ... THEN ...	Entscheidungsanweisung zur Verzweigung (bedingter Sprung)
ON ... GOTO ... (ON ... GOSUB ...)	für Mehrfachverzweigung.
LOAD, SAVE, CATALOG	Befehle zur Floppy-Benutzung
OPEN, CMD, PRINT#, CLOSE	Befehle zur Benutzung von Peripherie-Geräten
NEW	zum Löschen eines Programms.
AND, OR, NOT(...)	zur Verknüpfung von Wahrheitswerten logischer Ausdrücke. Angewandt auf Zahlen gibt z. B. PRINT NOT (7) das Zweier-Komplement von 7, also −8 aus. AND und OR verknüpfen Bitmuster
REM	leitet einen Kommentar ein; wird vom Computer ‚überlesen'.
POKE ..,..., PEEK(...)	dient zum direkten Schreiben in und Lesen aus angegebenen Speicherzellen.
SPC(...), TAB(...)	Tabellierfunktionen für Bildschirm und Drucker.
TI, TI$	enthält die seit Einschalten des Gerätes vergangene Zeit in $^1/_{60}$ Sekunden bzw. als String.
SYS, USR(...)	zum Aufruf eines Maschinenprogramms bzw. eines Maschinenunterprogramms bei dem Variablen übergeben werden können.

4. Astronomische Konstanten

Astronomische Einheit: 1 AE = mittlere Entfernung Erde–Sonne = $1,495979 \cdot 10^{11}$ m
Lichtjahr: 1 LJ = 63 275 AE = $9,4658 \cdot 10^{15}$ m;   1 Parsec = 3,26 LJ = $3,09 \cdot 10^{16}$ m
Jahr (siderisches): 365,2564 d   **Monat** (siderischer): 27,3217 d
         (tropisches): 365 d 5 h 48 min 46 s   (synodischer): 29 d 12 h 44 min 3 s

	Radius (Mittelw.)	Masse	Dichte	Schwerebeschl.
Sonne ☉	$696,4 \cdot 10^5$ km ≙ 16′	$1,989 \cdot 10^{30}$ kg = $333 \cdot 10^3 \cdot m_\delta$	1,41 g/cm³	273 m/s²
Erde ⊕	6 371 km	$5,974 \cdot 10^{24}$ kg = $81,3 \cdot m_{\mathbb{C}}$	5,52 g/cm³	9,81 m/s²
Mond ☾	1 738 km ≙ 15′30″	$7,348 \cdot 10^{22}$ kg = $0,0123 \cdot m_\delta$	3,34 g/cm³	1,62 m/s²

Planeten mit Zeichen	Sid. Umlaufz. in sid. Jahren	gr. Bahnradius in AE	numer. Exzentrizität	Äquatorradius in km	Verhältnis $m_\odot : m_{Pl}$
Merkur ☿	0,241	0,387	0,206	2 439	6 023 600
Venus ♀	0,615	0,723	0,007	6 052	408 523
Erde ⊕	1,000	1,000	0,017	6 378,14	332 946
Mars ♂	1,881	1,524	0,093	3 397,2	3 098 710
Jupiter ♃	11,867	5,204	0,048	71 398	1 047,4
Saturn ♄	29,638	9,578	0,055	60 000	3 498,5
Uranus ♅	84,52	19,26	0,050	25 400	22 869
Neptun ♆	165,09	30,09	0,007	24 300	19 314
Pluto ♇	251,37	39,83	0,255	~2 500	~3 000 000

5. Physikalische Konstanten

Normalfallbeschleunigung	$g_n = 9,80665$ m/s²	Atomare Masseneinheit	$1 u = 1,6603 \cdot 10^{-27}$ kg
Gravitationskonstante	$f, \gamma = 6,6732 \cdot 10^{-11}$ Nm²/kg²	Ruhmasse Elektron	$m_e = 9,1095 \cdot 10^{-31}$ kg
Vakuumlichtgeschwindigk.	$c = 2,9979 \cdot 10^8$ m/s	Proton	$m_p = 1,6726 \cdot 10^{-27}$ kg
Tripelpunkt des Wassers	$T = 273,16$ K	Neutron	$m_n = 1,6750 \cdot 10^{-27}$ kg
Molare Gaskonstante	$R = 8,3144$ J/mol K	Wasserstoffatom	$m_H = 1,6734 \cdot 10^{-27}$ kg
Avogadro-Konstante	$N_A = 6,023 \cdot 10^{23}$ 1/mol	Deuteron	$m_D = 3,3434 \cdot 10^{-27}$ kg
Elektrische Feldkonst.	$\varepsilon_0 = 8,8542 \cdot 10^{-12}$ As/Vm	Alphateilchen	$m_\alpha = 6,6442 \cdot 10^{-27}$ kg
Elementarladung	$e = 1,6022 \cdot 10^{19}$ C		
Magnetische Feldkonst.	$\mu_0 = 4\pi \cdot 10^{-7}$ Vs/Am	Elektronenradius	$r_e = 2,8179 \cdot 10^{-15}$ m
*Planck*sches Wirkungsq.	$h = 6,6262 \cdot 10^{-34}$ Js	H-Atom-Radius (*Bohr*)	$r_H = 5,2917 \cdot 10^{-11}$ m
Rydberg-Konstante	$R_\infty = 1,0974 \cdot 10^7$ 1/m	Atomradius allgemein	$r_A \approx 0,5 \cdot (\rho N_A)^{-1/3}$
Boltzmann-Konstante	$k = 1,3807 \cdot 10^{-23}$ J/K	Kernradius	$r_K \approx \sqrt[3]{A} \cdot 1,2 \cdot 10^{-15}$ m
Strahlungskonstante	$\sigma = 5,6703 \cdot 10^{-8}$ W/m² K⁴		

Stichwortverzeichnis

Abbildung, affine 44
Ableitungen 19, 20, 21, 28
Absorptionsgesetz 42
Achsenabschnittsform 30
Additionssätze 16
Ähnlichkeitsabb. 44
Algebren 42
Approximation
 der Binomialvert. 41
 der *Poisson*vert. 41
Assoziativgesetz 8

Barwert 24
BASIC-Befehle 46
*Bernoulli*kette 34
Betrag 6, 29
Binomialkoeffizient 37
Binomialverteilung 34 f
Binomische Formeln 7
Binomischer Satz 37
Bogenlänge 26
*Boole*sche Algebra 42
Bruchrechnung 6

Chi-Quadrat-Test 41

de *Morgan* Gesetze 42
Determinatenverfahren 8
Differentialgleichungen 27
Distributivgesetz 8
Drachenviereck 13
Drehparaboloid 17
Dreieck, allgemein 11, 17
 -, gleichschenklig 12
 -, gleichseitig 12
 -, rechtwinklig 12, 16
Dreiecksberechnungen 17
Dualitätsprinzip 42
Durchmesser, konjug. 31

Eigenwert 44
Einheitsvektor 29
Einheitswurzel 43
Ellipse 14, 31
Ellipsoid 17
Euler-Formel 43
*Euler*sche Affinität 44
Extremstelle 20
Exzentrizität 31
Exzeß, sphärischer 45

Fakultät 37
Flächeninhalte 11 f, 17, 22
Folge 24
Funktion 20
Funktionen-Atlas U 4

Gegenwahrscheinlichk. 18
Geradengleichung 15, 30
Gleichung, charakter. 44
 -, quadratische 9
Gleichverteilung, dis. 33
Gruppe, kommutative 29
Guldin-Regeln 26

Halbwinkelsatz 17
Heron-Verfahren 9
Hyperbel 31
Hyperbelfunktionen 28

Idempotenzgesetz 42
Integrale 19, 21, 28
Integral, bestimmtes 22
 -, unbestimmtes 21
Integration
 durch Substitution 22
 -, partielle 22
Integrationskonstante 21

Kegel 17
Kegelschnitte 31
*Kepler*sche Faßregel 23
Kettenregel 19
Klammerrechnen 7
Kolmogorow, Axiome 33
Kombination 18
Kommutativgesetz 8
Komplementärmenge 42
Kongruenzabbildung 44
konjugiert komplex 43
Konstanten, astronom. 47
 -, physikalische 47
Koordinaten, geogr. 45
Korrelationskoeffiz. 32
Kosinussatz 17
Kreis 14, 31
Kreuzprodukt 30
Krümmungskreis 20
Krümmungsverhalten 20
Kugel 17
Kurvendiskussion 20

Laplace-Wahrscheinlichk. 18
Logarithmus 10

Mengenalgebra 42
Mittelpunkt e. Strecke 15
Mittelwert 18
Mittelwertsatz der
 Differentialrechnung 19
 Integralrechnung 22
Moivre-Formel 43
Monotonie 20

*Neper*sche Regel 45
Newton-Verfahren 23
Normalverteilung 39 f
Nullstelle 20
Näherungsverfahren 33

orthogonal 29

Parabel 31
Parallelogramm 13
Parameterdarstellung 20
*Pascal*sches Dreieck 37
Permutation 18
*Poisson*verteilung 39, 41
Polargleichung 31
Polarkoordinaten 20

Potenzen 9
Potenzreihenentwicklung 2
Potenzsummen 24
Prisma 17
Produktregel 19
Prozentrechnung 7
Punkt-Richtungsform 30
Pyramide 17

Quader 17
Quadrat 13
Quotientenregel 19

Rangkorrelationskoeff. 32
Ratensparen 24
Raum, affiner 29
Raute 13
Rechteck 13
Regel v. *l'Hospital* 19
Regressionsgerade 32
Regula falsi 23
Reihe 24
Relation 20
Rentenrechnung 24
Rotationskörper 26

Sattelpunkt 20
Scheitelgleichung 31
Scherung 44
Schuldentilgung 24
Schwingungsgleich. 27
Sehnenformel 23
Sehnenviereck 14
Seitenkosinussatz 45
Sektorfläche 26
*Simpson*formel 23
Sinussatz 17
Skalarprodukt 15
Sparkassenformeln 24
Sperrung 31
Stammfunkt. 19, 21, 28
Standardabweichung 18
Standardnormalvert. 39
Stirling-Formel 31
Strahlensätze 11

Tangenssatz 17
Tangentenformel 23
Tangentengleichung 31
Tangentenviereck 14
Taylor, Satz von 25
Teilungspunkt 15
Trapez 13
Trigonometrie 16
Tschebyschew-Ungl. 33

Umkehrfunktion 19

Varianz 18
Variation 18
Vektorprodukt 30
Vektorraum, allg. 29
 -, euklidisch 29
Vektorrechnung 15, 29 f